Die

Electrische Beleuchtung

von

Alex Bernstein,
Civil-Ingenieur.

Mit 16 in den Text gedruckten Holzschnitten.

Springer-Verlag Berlin Heidelberg GmbH 1880

ISBN 978-3-642-89537-1   ISBN 978-3-642-91393-8 (eBook)
DOI 10.1007/978-3-642-91393-8
Softcover reprint of the hardcover 1st edition 1880

Vorwort.

Seit etwa zwei Jahren hat die electrische Beleuchtung so erheblich an Verbreitung gewonnen, dass sie gegenwärtig mit Recht die öffentliche Aufmerksamkeit auf sich lenkt. Die Anschauungen jedoch, welche im Allgemeinen über die Erzeugung und mögliche Verwendung des electrischen Lichtes gehegt werden, sind sehr unklarer Art und beweisen eine nur geringe Verbreitung der Kenntniss der hier obwaltenden Verhältnisse.

In Folge verschiedener Anfragen über electrische Beleuchtungs-Einrichtungen hat sich der Verfasser entschlossen, dieselben in einer Form zu beantworten, in welcher er hofft, dass diese Schrift nicht allein denjenigen Technikern, die sich bisher wenig mit dieser Sache beschäftigt haben, zur Belehrung dienen, sondern auch von einem allgemein wissenschaftlich gebildeten Publikum mit einigem Interesse gelesen werden wird. Die Schwierigkeit, die sich in dem ersten Theile dieser Arbeit darbot, sowie die wünschenswerthe Kürze des Ganzen mögen manchen Mangel entschuldigen, welcher in dieser Schrift enthalten ist.

Verfasser giebt sich der Hoffnung hin, dass es ihm gelungen ist, einen ganz unparteiischen Standpunkt einzunehmen, sowohl in Bezug auf die allgemeinen Fragen als auch namentlich in Bezug auf die Interessen einzelner Fabrikanten.

Berlin, im November 1879.

D. V.

I.

Die Erzeugung des electrischen Lichtes.

Die Wirkungen, welche der electrische Strom hervorzurufen vermag, sind sehr mannigfaltiger Art, und sehr verschiedenartig sind demgemäss die Anwendungen, die man für practische und wissenschaftliche Zwecke von den eigenthümlichen Wirkungen der Electricität gemacht hat. Während die Telegraphie in ihrer heutigen Form wesentlich auf der Erscheinung beruht, dass ein vom electrischen Strome umkreister Eisenstab unter dem Einfluss dieses Stromes magnetisch wird, benutzt man für die electrische Beleuchtung die erwärmende Wirkung, welche ein electrischer Strom auf jeden Leiter, durch den er hindurch geführt wird, auszuüben vermag. Eine Erwärmung, die unter geeigneten Umständen so hoch gesteigert werden kann, dass daraus die Erscheinung des Lichtes entsteht.

Was jedoch ist ein electrischer Strom?

Eine klare Vorstellung über den physikalischen Vorgang, welchen man als einen electrischen Strom bezeichnet hat, ist so wesentlich für das Verständniss des Nachfolgenden, dass eine kurze Erläuterung dieser Erscheinung hier wohl am Platze ist. Denn wenn es auch in keiner Weise bewiesen ist, dass die gegebene Darstellung dem wahren Hergange in der Natur entspricht, ja obgleich es sogar nicht einmal wahrscheinlich ist, dass dem so sei, so erleichtert dennoch eine klare Anschauung der einfachen Vorgänge, die den Thatsachen nicht gerade widerspricht, das Verständniss für die verwickelten Verhältnisse, welche wir später zu betrachten haben werden. —

Es ist eine bekannte Erscheinung, dass überall da, wo Electricität erzeugt wird, dieselbe gleichzeitig in zweifacher Form zum Vorschein gelangt, nämlich als positive und als negative Electricität, ähnlich wie bei der Magnetisirung eines Eisenstabes gleichzeitig mit dem Erzeugen eines Nordpols an dem einem Ende ein Südpol an dem anderen Ende des Stabes sich bildet. Diese Aehnlichkeit geht noch weiter, denn wie der Nordpol und der Südpol eines Magneten sich gegenseitig anziehen, so üben auch positive und negative Electricität eine gegenseitige Anziehung auf einander aus. Besteht so weit eine Aehnlichkeit zwischen magnetischer und electrischer Kraft in Bezug auf die gegenseitige Wirkung ihrer Pole, so sind sie jedoch weitaus verschieden, wenn wir die Art ihrer Fortpflanzung im Raume betrachten. Ein magnetischer Stab übt auf einen ihm genäherten Eisenstab nur in geringer Entfernung eine bemerkbare Wirkung aus. Berührt man dagegen einen mit Electricität geladenen Körper durch einen meilenlangen Metalldraht, so pflanzt sich in diesem die electrische Kraft durch seine ganze Länge fort, und zwar mit einer Geschwindigkeit, welche nur mit der Fortpflanzungsgeschwindigkeit des Lichtes verglichen werden kann.

Wir wollen nun annehmen, dass wir irgend eine Quelle der Electricität, deren Beschaffenheit vorläufig gleichgültig sei, zur Verfügung haben, und verbinden mit derjenigen Stelle, an welcher die positive Electricität zum Vorschein gelangt — mit dem positiven Pol — einen Leiter der Electricität, also beispielsweise ein Stück Kupferdraht, so füllt sich derselbe ebenfalls mit positiver Electricität. Dasselbe wird geschehen, wenn man ein Stück Kupferdraht mit dem negativen Pol verbindet. Beide Drähte sind jetzt mit entgegengesetzter Electricität geladen, die sich jedoch in den Drähten in einem ruhenden Zustande befindet.

Sobald man nun die beiden noch freien Enden der Kupferdrähte mit einander verbindet, so üben die in ihnen befindlichen, entgegengesetzten Electricitäten eine Anziehung auf einander aus und verbinden sich, indem sie sich gegenseitig vernichten. In diesem Momente entsteht in dem Drahte diejenige Erscheinung, welche man mit dem Namen electrischer Strom bezeichnet hat. Wird in der Electricitätsquelle fortdauernd neue Electricität erzeugt, und wird dieselbe durch eine ununterbrochene Verbindung der beiden Drähte immer wieder vernichtet, so hat man in den Drähten einen fortlaufenden, dauernden Strom der Electricität, welcher unter bestimmten Bedingungen das electrische Licht hervorzurufen vermag.

Wenn hier gesagt worden ist, die Electricität sei in den Drähten vernichtet worden, so ist es doch nach einem bekannten Grundsatz der Mechanik, laut welchem Kraft und Stoff in der Natur nicht verschwinden kann, klar, dass diese Vernichtung nur als eine Verwandlung der Electricität in eine andere Form der Kraft zu betrachten ist. Es zeigt sich nämlich, dass die Drähte, durch welche der Strom geleitet wird, in Folge der Wirkung des Letzteren sich erwärmen; und es ist daher Wärme diejenige Form der Kraft, in welcher die vernichtete Electricität wieder zum Vorschein gelangt. Hat der Strom eine genügende Stärke, und ist der Leitungsdraht stellenweise sehr dünn, so wird derselbe an diesen Stellen glühen, leuchten und schliesslich verbrennen.

Der in dieser Weise leuchtend gemachte Draht kann selbstverständlich auch als eine Lichtquelle betrachtet werden und ist hierzu bereits oftmals vorgeschlagen worden. Die grosse Schwierigkeit jedoch, die Stärke des electrischen Stromes derartig selbstthätig zu reguliren, dass die Temperatur des leuchtenden Drahtes und damit sein Licht immer dasselbe bleibt, ist bisher nicht genügend überwunden worden; auch nicht von der mit so grossem Lärm in die Welt gesetzten Erfindung des sonst so genialen Edison, welche im Wesentlichen auf Verwendung der soeben besprochenen Erscheinung beruht.

Zur Erklärung des electrischen Lichtes in seiner jetzt gebräuchlichsten Form muss noch eine physikalische Erscheinung erwähnt werden.

Hält man nämlich die beiden freien Enden der Kupferdrähte, welche mit den Polen der Electricitätsquelle verbunden sind, nicht unmittelbar aneinander, sondern lässt einen kleinen Zwischenraum zwischen denselben, so sieht man Funken diesen Zwischenraum überspringen. Der Funke ist das Resultat der Vereinigung der positiven und negativen Electricität, mit welcher beide Drähte geladen waren. Ist die Electricitätsquelle im Stande, hinreichend genügende Mengen von Electricität zu erzeugen, und sind beide freien Enden der Drähte nicht zu weit von einander entfernt, so erhält man das electrische Licht in einer freilich practisch unbrauchbaren Form. Brauchbar wird dasselbe, sobald man folgende Veränderung vornimmt. Man verbinde jedes der beiden freien Enden der Kupferdrähte mit einem Stückchen Kohle, halte beide Kohlenstäbe zusammen und entferne sie alsdann langsam von einander. Es bildet sich nun zwischen den beiden Kohlenstäben ein ruhiges, beständiges Licht, das electrische Kohlenlicht, von welchem bisher ausschliesslich practische Anwendung für Beleuchtungszwecke gemacht worden ist.

Aus dieser allgemeinen Betrachtung ist es klar geworden, dass zur Herstellung einer electrischen Beleuchtung wesentlich die folgenden drei Stücke gehören: erstens ein Apparat zur Erzeugung der Electricität, zweitens eine Leitung derselben bis zum Orte der Verwendung des Lichtes und drittens eine geeignete Vorrichtung, um zwischen den Kohlenspitzen das Licht in erforderlicher Weise zu erzeugen und zu erhalten. Diese drei wesentlichen Theile einer electrischen Beleuchtungsanlage sollen nunmehr in derselben Reihenfolge näher betrachtet werden.

Electricität kann auf verschiedene Weise erzeugt werden; namentlich durch Reibung, durch chemische Wirkung, durch Erwärmung oder durch die Wirkung eines Magneten auf einen Leiter der Electricität, falls entweder der Magnet oder der Electricitäts-Leiter sich in Bewegung befindet. Letztere mechanische Methode wird heute ausschliesslich bei Herstellung des electrischen Lichtes benutzt, wo es sich um eine dauernde Anwendung desselben handelt, und soll auch hier allein in Betracht gezogen werden.

Um sich ein klares Bild von der Erzeugung des electrischen Stromes durch die Wirkung der electrischen Maschinen machen zu können, ist es nützlich die Wirkung eines Magneten auf ein weiches Stück Eisen, welches dem einen Pol des Magneten z. B. dem Nordpol genähert wird, einer Betrachtung zu unterziehen. Es ist bekannt, dass unter diesen Umständen das weiche Eisen selber zum Magnet wird, indem sich an demjenigen Ende, welches dem Nordpol des Magneten zugewendet ist, ein Südpol, am entgegengesetzten Ende ein Nordpol bildet. Es wirkt also der Magnet vertheilend auf die im weichen Eisen ruhende magnetische Kraft, welche durch diese Vertheilung nach aussen hin zur Wirkung gelangt. Bleibt das weiche Eisen jetzt in dieser Lage, so findet keine Veränderung seines magnetischen Zustandes statt. Sobald man jedoch das Eisen dem Magneten nähert, verstärkt sich der zum Vorschein kommende freie Magnetismus, während er sich bei Entfernung wiederum schwächt und ganz verschwindet, wenn sich das Eisen ausserhalb des Wirkungskreises des Magneten, des sogenannten magnetischen Feldes, befindet. Bei der Bewegung des weichen Eisens unter dem Einfluss eines Magneten entsteht also eine Bewegung und Trennung der, im weichen Eisen ruhenden, magnetischen Kraft. Ganz ähnlich verhält es sich, wenn irgend ein Leiter der Electricität, z. B. ein Stück Kupferdraht, in der Nähe eines Magneten bewegt wird; auch hier wirkt der Magnet vertheilend auf die im Draht ruhende Electricität, welche durch diese Vertheilung in freie positive und negative Electricität zerlegt wird. Werden nun die beiden Enden des Drahtes vereinigt, und wird durch fortgesetzte Bewegung des Drahtes innerhalb des magnetischen Feldes fortdauernd freie positive und negative Electricität hervorgerufen, so muss nach der früher gegebenen Erklärung in dem Drahte ein electrischer Strom entstehen.

An einem solchen Strome unterscheidet man wesentlich zwei Eigenschaften, nämlich die Richtung und die Stärke desselben. Man hat sich betreffs der Richtung dahin geeinigt, die Bewegung der positiven Electricität durch den Leiter des Stromes als maassgebend für die Richtung desselben zu betrachten, und man kann durch geeignete Instrumente sowohl Richtung als Stärke messen.

Es zeigt sich bei Vornahme derartiger Messungen in Bezug

auf die Richtung des Stromes, dass die Bewegung eines Kupferdrahtes unter dem Einfluss eines magnetischen Nordpols eine Stromrichtung erzeugt, welche sich umkehrt, sobald die Richtung der Bewegung selbst sich umkehrt, oder sobald dieselbe Bewegung unter dem Einfluss eines Südpols ausgeführt wird. Bezüglich der Stärke des in dieser Weise hervorgerufenen electrischen Stromes lässt sich nachweisen, dass dieselbe von der Stärke des beeinflussenden Magnetismus abhängt, ferner von der Länge des dem Einfluss unterworfenen Kupferdrahtes und schliesslich von der Geschwindigkeit, mit welcher die Bewegung des Drahtes in dem magnetischen Felde erfolgt.

Wie durch die Wirkung eines Magneten ein electrischer Strom erzeugt wird, so lässt sich auch umgekehrt durch die Wirkung eines Stromes Magnetismus im Eisen hervorrufen. Umgiebt man einen Eisenstab mit einer Anzahl spiralförmiger Drahtwindungen und lässt durch diese Windungen einen electrischen Strom gehen, so wird das Eisen unter dem Einfluss des Stromes magnetisch, und zwar zeigt das eine Ende einen Nordpol, das entgegengesetze Ende einen Südpol. Wechselt die Richtung des Stromes, so wechseln auch hier die Pole.

Fig. 1.

Ein solcher in Fig. 1 dargestellter Magnet wird ein Electromagnet genannt. Der zur Umwindung benutzte Kupferdraht wird mit Baumwolle, Guttapercha, Seide oder einem anderen die Electricität nicht leitenden Körper umgeben, um zu verhindern, dass der Strom von einer Windung auf die andere übergeht, ohne die ganze Länge des Drahtes zu durchlaufen.

Der Electromagnet ist das wichtigste Element für die angewandte Electricität und ebenso einfach wie wunderbar in seiner Wirkung. In dem Augenblicke, in welchem ein Strom durch die Drahtspirale hindurchgeht, wird das weiche Eisen im Inneren derselben magnetisch; von dem Momente ab, in welchem der Strom zu wirken aufhört, verliert auch der Eisenstab seinen Magnetismus. So ist man im Stande aus weiter Ferne einen Eisenstab durch Schliessen und Oeffnen eines Stromes je nach Belieben für kürzere oder längere Zeit in einen Magneten zu verwandeln und durch die anziehende Wirkung desselben auf einen in der Nähe befindlichen Eisenstab die Bewegung des Letzteren hervorzurufen. So entsteht durch geeignete Benutzung dieser Bewegung zur Erzeugung deutlicher Zeichen das heute angewandte System der Telegraphie.

Hier ist es jedoch eine andere Eigenthümlichkeit des Electromagneten, die uns wesentlich interessirt, nämlich der viel höhere Grad von magnetischer Kraft, welche ein weicher Eisenstab unter dem Einfluss eines starken electrischen Stromes annimmt, verglichen mit der Fähigkeit eines permanenten Magneten von Stahl von gleicher Grösse, Magnetismus in sich aufzunehmen. Daher bedient man sich zur Erzeugung starker Ströme durch den Einfluss von Magneten mit Vorliebe der Electromagnete.

Die in Fig. 1 dargestellte Zusammenstellung kann auch dazu dienen, in entgegengesetzter Weise die Entstehung eines electrischen Stromes durch die Wirkung eines Magneten darzustellen.

Ist der im Inneren der Spirale befindliche Stab ein permanenter Stahlmagnet, so muss nach den früher gegebenen Erklärungen jede Bewegung der Spirale am Stabe entlang einen electrischen Strom erzeugen, falls gleichzeitig beide freien Enden der Drahtleitung mit einander verbunden werden.

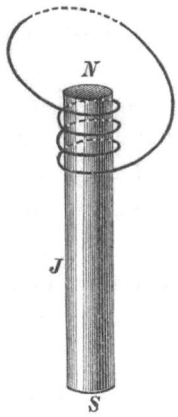

Fig. 2.

In Fig. 2 ist ein Stahlmagnet dargestellt, welcher von einem kurzen Stück Spirale umgeben ist, und wollen wir nun beobachten, was geschieht, wenn die Spirale von dem einen Ende des Stabes an demselben entlang bis zum anderen Ende bewegt wird. Die Spirale befinde sich zu Anfang unter dem Einfluss eines magnetischen Nordpols; bewegen wir dieselbe nach der Mitte des Stabes hin, so muss ein Strom in gewisser Richtung entstehen. Da jedoch der Magnetismus eines Stabes an den Enden am stärksten ist, nach der Mitte hin abnimmt und schliesslich in der Mitte selbst gleich Null ist, so muss auch der Strom, indem sich die Spirale von dem Ende des Stabes entfernt, an Stärke abnehmen. In der Mitte des Stabes angekommen, wird die Spirale stromlos, da der Stab hier keine magnetische Wirkung äussert. Gehen wir über die Mitte hinaus, so entsteht wiederum ein schwacher Strom in der Spirale; jedoch hat derselbe jetzt eine dem früheren Strome entgegengesetzte Richtung, da die Bewegung nunmehr unter dem allmählig wachsenden Einfluss des Südpols vor sich geht. Der Strom wird nach und nach stärker und erreicht den höchsten Grad seiner Stärke, sobald die Spirale am anderen Ende des Stabes, am Südpol, angelangt ist. Soll der Apperat in Thätigkeit bleiben, so müsste jetzt der Draht seine Bewegungsrichtung umkehren; statt dessen zieht man es vor, dem Stabe eine solche Form zu geben, dass die Spirale ihre Bewegung in derselben Richtung fortsetzen kann.

Der Stab erhält hierzu die Form eines Ringes.

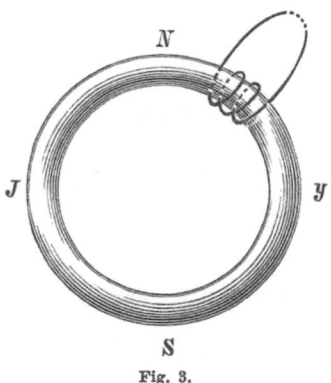

Fig. 3.

Ein solcher Ringmagnet ist in Fig. 3 dargestellt. Es befinde sich oben bei N der Nordpol, unten bei S der Südpol, so äussert der Ring an den Punkten I und Y, welche die Indifferenz-Punkte genannt werden, keine magnetische Wirkung nach aussen. Wird nun eine Drahtspirale um den Ring herumgeführt, so entsteht nach der bereits gegebenen Erklärung bei der Bewegung durch die obere Hälfte ein Strom in bestimmter Richtung, welcher verschwindet, sobald der Draht an den Indifferenz-Punkt I herangelangt ist, sich umkehrt, wenn die Bewegung über die untere Hälfte des Ringes erfolgt, um wiederum zu verschwinden, sobald der Indifferenz-Punkt Y erreicht ist. Wir haben also hier eine Vorrichtung, um durch mechanische Bewegung fortdauernd wechselnde Ströme zu erzeugen. Abgesehen davon, dass die Ausführung des Apparats in der gezeichneten Form dadurch unmöglich wird, dass man nicht im Stande ist, dem Ringmangneten eine Unterstützung zu geben, würden die entstehenden Ströme auch zu schwach sein, um eine Verwendung zur Erzeugung des electrischen Lichtes zu gestatten. Ausserdem ist auch das Wechseln in der Richtung der Ströme nicht immer erwünscht, denn wenn auch in letzter Zeit die Anwendung der Wechselströme bedeutend zugenommen hat, so sind doch die ersten, wirklich erfolgreichen Anwendungen des electrischen Lichtes zumeist mit Strömen erreicht worden, welche dauernd nach einer Richtung fliessen. Es sollen daher auch Maschinen zur Erzeugung von Strömen letzterer Art, gleichgerichtete Ströme genannt, hier zuerst betrachtet werden; und wollen wir die Construction einer solchen Maschine durch Verbesserungen an der in Fig. 3 dargestellten, jedoch noch sehr unvollkommenen Zusammenstellung nun weiter verfolgen.

Dreierlei Einwendungen sind es, denen wir zu begegnen haben. Der entstehende Strom ist für unsere Zwecke zu schwach; derselbe soll von der Maschine als ein gleichgerichteter Strom geliefert werden; an Stelle des nicht anwendbaren, feststehenden Stahlmagneten soll eine ausführbare, passende Einrichtung getroffen werden.

Um den Strom zu verstärken, haben wir nur nöthig, an Stelle **einer** Spirale eine grosse Anzahl derselben, deren jede aus vielen Windungen besteht, auf dem Magnetenringe sich bewegen zu lassen, wie in Fig. 4 dargestellt. Es wird bei der Drehung in allen Spiralen, die sich auf dem Halbring I N Y gleichzeitig befinden, ein Strom derselben Richtung entstehen und ein diesem entgegensetzter Strom in denjenigen Spiralen, welche sich gleichzeitig auf dem Halbring I S Y befinden.

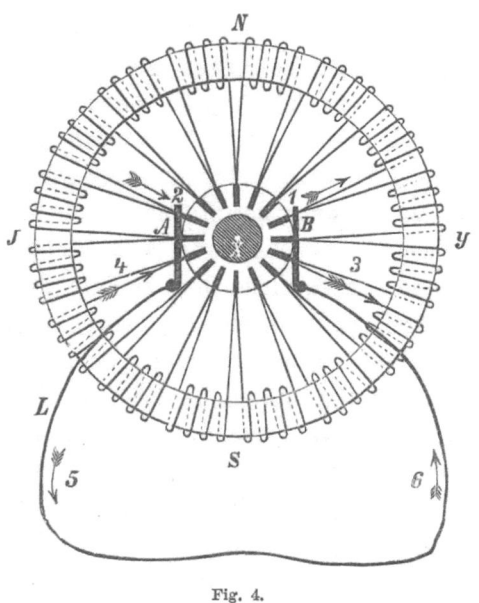

Fig. 4.

Diese beiden in entgegengesetzter Richtung sich bewegenden Ströme, welche ohne Ableitung nach aussen sich in der Maschine gegenseitig aufheben würden, sollen jetzt, zu einer Richtung vereinigt, durch eine äussere Leitung geführt werden. Zu diesem Zwecke sei auf der Axe x, um welche sich das ringförmige System von Spirale dreht, eine kleine kreisförmige Scheibe angebracht, auf deren Umfang, isolirt von einander, ringsum so viele Kupferstreifen angebracht sind, als Spiralen vorhanden sind. Ein jeder dieser Kupferstreifen ist mit dem Anfang der einen und dem Ende der nächsten Spirale in Verbindung gebracht, während die Kupferstreifen selber durch zwischengelegte Asbestplatten von einander isolirt sind. An denjenigen Stellen dieser kleinen Scheibe, welche den Indifferenz-Punkten I und Y gegenüber liegen, schleifen zwei biegsame, feststehende Kupferplatten gegen die rotirende Scheibe, und an diese letztere Kupferplatten A und B wird die äussere Leitung L herangeführt. Der Erfolg dieser Einrichtung ist der folgende: In den gleichzeitig in der oberen Hälfte befindlichen Spiralen circulirt ein Strom, dessen Richtung, von B ausgehend, durch die Pfeile 1 und 2 angedeutet sei; in den Spiralen der unteren Hälfte hat der Strom die entgegengesetzte Richtung, wie durch die Pfeile 3 und 4 angedeutet. Jedoch an der kleinen Scheibe, Commutator genannt, angelangt, vereinigen sich bei A beide Ströme zu einem Strome, welcher die äussere Leitung L in der Richtung der Pfeile 5 und 6 durchläuft und schliesslich bei B wieder zur Maschine gelangt. Da nun bei der Rotation des Spiralenringes und des Commutators fortdauernd dieselben Erscheinungen zu Tage treten, so muss auch dauernd ein Strom in der Richtung der Pfeile 5 und 6, also ein gleichgerichteter Strom, durch die Leitung hindurch gehen.

Wir gelangen zur Erfüllung der letzten Forderung: nämlich den ruhenden Stahlmagneten, welcher in dieser Weise nicht angebracht werden kann, durch eine andere Vorrichtung zu ersetzen.

Die Aufgabe löst sich in leichter und einfacher Weise. Da der innere Kern der Drahtspiralen mit rotiren muss, wenn die Construction ausführbar sein soll, so machen wir denselben aus weichem Eisen, welches die Eigenschaft hat, schnell Magnetismus anzunehmen und wieder zu verlieren, und beeinflussen diesen rotirenden Eisenring durch einen starken permanenten Magneten, dessen Pole möglichst nahe denjenigen Stellen gelegen sind, an welchen der Eisenring seine Pole zeigen soll. Während der eiserne Kern mit den Drahtspulen rotirt, bilden sich die Pole doch immer an denselben Stellen im Raume, und die Wirkung ist genau dieselbe, wie die des früher angenommenen ruhenden Stahlmagneten war, während die Ausführung keine Schwierigkeit bietet.

Maschinen, bei welchen der den Eisenkern beeinflussende äussere Magnet ein permanenter Stahlmagnet ist, werden magnet-electrische genannt; bedient man sich statt des Stahlmagneten zur Erzielung stärkerer Wirkung eines, vom Strome der Maschine selbst umkreisten, Electromagneten, so nennt man die Maschinen dynamo-electrische.

So vorbereitet, brauchen wir nur einen Blick auf die in Fig. 5 dargestellte dynamo-electrische Maschine von Gramme in Paris zu werfen, um sofort deren Wirkungsweise zu verstehen.

In zwei starken gusseisernen Rahmstücken ruht die Welle A, auf welcher der Drahtring R, dessen Construction wir schon in Fig. 4 gezeigt haben, befestigt ist. Man sieht an der rechten Seite dieses Ringes die einzelnen Drahtstücke, welche die Verbindung der Spiralen mit dem Commutator C bewirken, aus dem Ringe hervortreten. An letzterem schleifen die beiden Kupferplatten, von denen hier nur die eine B sichtbar ist. Ausserhalb des Gestells ist zur Uebertragung der Bewegung irgend einer Kraftmaschine oder Wellenleitung auf die electrische Maschine eine Riemscheibe G angebracht. Schliesslich befinden sich oben und unten starke Electromagnete E E und F F, deren gleichnamige Pole zusammenstossen, so dass oberhalb und unterhalb des Ringes starke

Magnete entstehen, welche den weichen Eisenkern des Ringes beeinflussen. Es macht sich hier von selbst die Frage geltend, woher denn der für die Electromagnete E E und F F nöthige, starke electrische Strom entnommen wird; die Antwort darauf lautet: aus der Maschine selbst; indem man den Strom der Maschine zuerst um die Electromagnete und dann

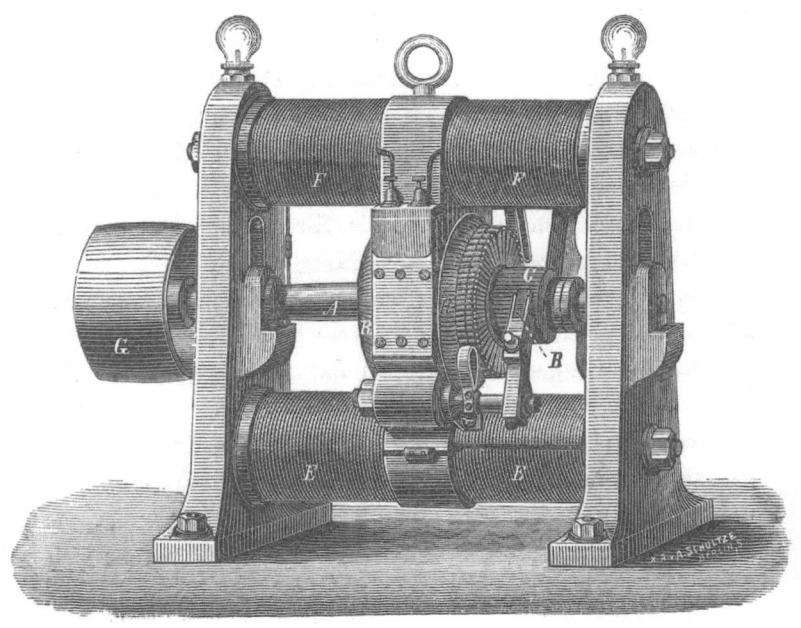

Fig. 5.

durch die äussere, hier nicht gezeichnete Drahtleitung fliessen lässt. Hierin liegt ein scheinbarer Widerspruch, denn wir wollen einen Strom benutzen, um die weichen Eisenkerne der Electromagnete zu magnetisiren, während ja umgekehrt diese Kerne schon Magnete sein müssen, um durch ihren

Einfluss bei der Drehung des Drahtringes Ströme in demselben zu erzeugen.

Der Widerspruch löst sich, wenn man berücksichtigt, dass ein einmal magnetisirter Eisenstab, auch wenn der magnetisirende Einfluss verschwunden ist, dauernd schwache Spuren der magnetischen Kraft äussert. Diese Spur von Magnetismus in den Electromagneten, welche nur einmal in irgend einer Weise magnetisirt zu werden brauchen, genügt, um jeder Zeit bei der Drehung des Drahtringes schwache Ströme in demselben hervorzurufen. Der so entstandene schwache Strom geht durch die Electromagnete und verstärkt die magnetische Kraft derselben; der stärkere Magnet bewirkt einen stärkeren Strom, und so geht das Spiel fort, bis nach wenigen Secunden die Eisenkerne der Electromagnete denjenigen Grad von Magnetismus angenommen haben, welchen sie überhaupt ihrem Gewichte nach annehmen können.

Das hier angedeutete System der gegenseitigen Einwirkung wurde fast gleichzeitig Anfangs 1867 von Werner Siemens in Berlin und Wheatstone in London in Vorschlag gebracht, während die soeben beschriebene Maschine erst im Jahre 1871 von Gramme construirt wurde. Letzterer, als Modelltischler bei einer Gesellschaft beschäftigt, welche sich die unglückliche Aufgabe gestellt hatte, durch grosse magnetelectrische Maschinen — noch heute unter dem Namen Alliance-Maschine bekannt — Wasser in seine Bestandtheile zu zersetzen, um die entstehenden Gase für Beleuchtungszwecke zu verwenden, hatte Gelegenheit und Veranlassung, seine Thätigkeit der Construction von Maschinen zur Erzeugung starker Ströme zu widmen.

Er hat dies mit gutem Erfolge gethan, denn wenn auch die erwähnte Alliance-Maschine, nachdem man die nutzlose

Zersetzung des Wassers aufgegeben hatte, mit Vortheil zur Herstellung von electrischem Licht auf Schiffen und Leuchtthürmen angewendet wurde, so war die Maschine selbst doch zu kostspielig, um eine weitere Einführung für Beleuchtungszwecke im Gefolge zu haben.

Erst die kleinere, billige und dennoch sehr wirksame Gramme'sche Maschine wurde die Veranlassung zu einer ausgedehnten Anwendung des electrischen Lichtes.

Man hat die Verdienste Gramme's dadurch zu schmälern gesucht, dass man mit besonderem Nachdruck die Arbeit eines italienischen Gelehrten, Namens Pacinotti, welche in einem italienischen Journal im Jahre 1864 veröffentlicht wurde, hervorhob. In der That hat Pacinotti eine Zeichnung veröffentlicht, in welcher der oben erwähnte Drahtring in seinen wesentlichen Theilen schon erscheint. Jedoch hatte dieser Gelehrte beim Entwerfen seiner Maschine mehr im Auge, durch electrische Ströme mechanische Arbeit zu erzeugen, als das Umgekehrte; auch war die ganze Zusammenstellung an sich zu mangelhaft, um brauchbar zu sein. Pacinotti veröffentlichte eine noch unvollkommene Idee; Gramme liefert eine schon ziemlich vollkommene Maschine, welche er, wie es scheint, ohne Kenntniss der Idee des italienischen Gelehrten construirt hatte, und an deren Verbesserung er seit dieser Zeit unausgesetzt gearbeitet hat.

Jedoch, wie es auch um die Verdienste Gramme's beschaffen sei, sicher ist, dass durch die von ihm gebauten Maschinen das electrische Licht sich Eingang in verschiedene industrielle Etablissements Frankreichs verschafft hat, und dass diese Maschinen nach und nach zu gleichem Zweck nach Deutschland geliefert wurden. Dies veranlasste die Firma Siemens & Halske in Berlin, nun auch ihrerseits mit der schon früher von ihr construirten dynamo-electrischen

Maschine mehr als bis dahin der Fall war an die Oeffentlichkeit zu treten. Die Maschine von Siemens & Halske unterscheidet sich wesentlich dadurch von der soeben beschriebenen, dass an Stelle des Drahtringes hier ein mit besponnenem Kupferdraht der Länge nach umwundener Cylinder benutzt wird.

Fig. 6.

In Fig. 6 ist dieselbe dargestellt.

Man sieht an der vorderen Seite des Drahtcylinders die einzelnen Drahtstücke hervortreten, welche denselben mit dem Commutator verbinden; ferner bemerkt man die beiden Schleifplatten, aus einzelnen an den Enden zusammengelötheten Kupferdrähten bestehend und daher auch Schleifbürsten genannt. Die Kerne der rechts und links gelegenen sehr kräftigen Electromagnete bilden oben und unten kreisförmige Segmente und umhüllen den Drahtcylinder, welcher auf diese Weise einem stark magnetischen Einflusse ausgesetzt ist.

Diese Maschinen liefern bei geringem Gewicht derselben sehr intensive Ströme, und die mit denselben erzielten Resultate haben wesentlich dazu beigetragen, dem electrischen Lichte in Deutschland und in England eine weitere Verbreitung zu geben. Wir werden später noch Gelegenheit haben, auf die Leistung dieser Maschinen zurückzukommen.

Es ist natürlich, dass die zunehmende Bedeutung des electrischen Lichtes auch andere Constructeure veranlasst hat, dynamo-electrische Maschinen zusammenzustellen, und es hat auch gar keine Schwierigkeiten, Combinationen zu machen, welche demselben Zwecke dienen, oder auch nur vorhandene Maschinen etwas zu verändern, um sie mit einem neuen Namen belegen zu können. Doch ist es dem Verfasser nicht bekannt, dass, mit Ausnahme der Maschine von De Meritens, bisher erheblich Besseres geleistet worden sei, obwohl das Feld für Erfindungen hier noch ein sehr weites ist.

Hier seien einige neuere Maschinen noch mit ihrem Namen aufgeführt, nämlich die bereits erwähnte magnet-electrische Maschine von De Meritens; ferner die Maschinen von Wilde, Lontin, Wallace Farmer, welche letztere, sowie die Maschine von Brush amerikanischen Ursprungs sind.

Wir verlassen nun das Gebiet der dynamo-electrischen Maschinen und wenden uns zu einer Gattung Lichtmaschinen, welche, der Gramme'schen Maschine der Zeit nach vorangehend, durch dieselbe in den Hintergrund gedrängt wurden und die allem Anschein nach berufen sind, jetzt eine um so grössere Bedeutung zu erlangen. Der Grund hierfür liegt in Folgendem:

Man hat sich bei Benutzung des electrischen Lichtes anfänglich damit genügen müssen, durch den Strom von je einer Maschine vermittelst eines Regulators, wie wir sie noch kennen lernen werden, je ein starkes Licht herzustellen. Man baute in verschiedenen Abstufungen Maschinen, um Lichtstärken von 60 Gasflammen bis zu etwa 1000 Gasflammen hervorzubringen; jedoch man brauchte so viele einzelne Maschinen als man Lampen benutzen wollte. Für diesen Zweck waren die dynamo-electrischen Maschinen mit gleichgerichtetem Strom bequemer und besser, als die alte Alliance-Maschine, welche Wechselströme lieferte d. h. Ströme, deren Richtung in der Leitung fortdauernd wechselt. Da trat im Jahre 1877 Jablochkoff mit seinen berühmt gewordenen Kerzen in die Oeffentlichkeit und zeigte, dass man mehrere dieser Kerzen in einer Stromleitung gleichzeitig brennen konnte. Jablochkoff musste sich aber hierzu der Wechselströme bedienen, wie sich aus der Beschreibung der Kerzen später ergeben wird. Er veranlasste Gramme eine Wechselstrommaschine für seinen Zweck zu construiren, welche von der Société générale de l'Electricité, die das Jablochkoff'sche Patent ausbeutet, in Frankreich bei ihren Beleuchtungseinrichtungen benutzt worden ist; während in Deutschland bald darauf die Firma Siemens & Halske eine neue Wechselstrommaschine für den gleichen Zweck construirte. Diese letztere Maschine soll hier noch näher betrachtet werden, ehe wir das Gebiet der Lichtmaschinen verlassen.

Wir beginnen wiederum mit einer schematischen Darstellung der Entstehung der Ströme. Ringförmig um den Mittelpunkt O, Fig. 7, denke man sich in der Fläche des Papiers eine Reihe von magnetischen Kräften gruppirt, wobei immer ein nordmagnetisches und ein südmagnetisches Feld sich nebeneinander befinden, wie in der Zeichnung durch die Buchstaben N und S angedeutet. Der Ursprung dieser, in der Luft schwebenden magnetischen Kraft sei vorläufig unerörtert gelassen. In dieser ruhenden magnetischen Sphäre bewege sich um den Mittelpunkt O stets in einer Richtung ein in sich geschlossener Kupferdraht von der gezeichneten Gestalt. Bei Durchgang durch die Stellung 1

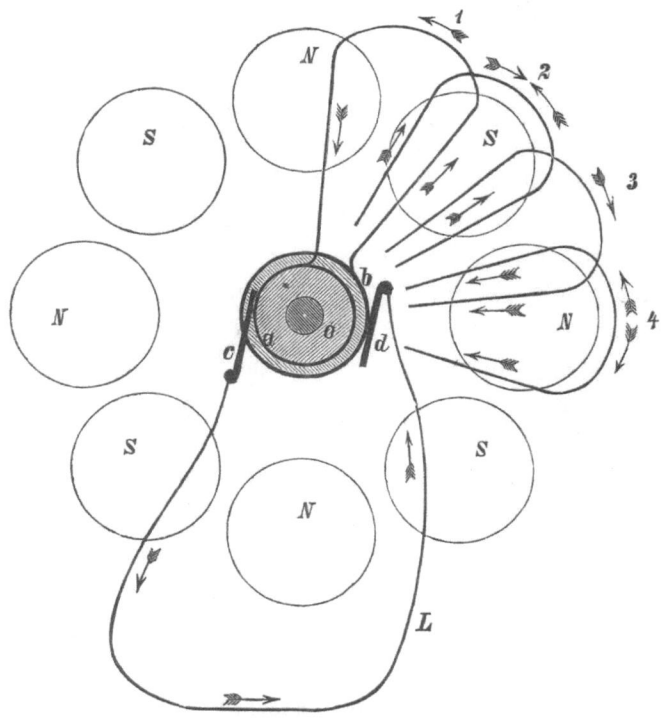

Fig. 7.

entsteht in dem, im nordmagnetischen Felde befindlichen Theil des Drahtes ein Strom von der Richtung des Pfeiles, in der im südmagnetischen Felde befindlichen Drahthälfte entsteht ein Strom in entgegengesetzter Richtung; beide

Ströme jedoch vereinigen sich, wie durch den, an der Peripherie gezeichneten, Pfeil angedeutet ist.

Kommt der Kupferdraht in die Stellung 2, so befinden sich beide Drahthälften im südmagnetischen Felde, es entstehen in beiden Hälften gleichgerichtete Ströme, welche sich jedoch in ihrer Wirkung aufheben, wie durch die beiden Pfeile an der Peripherie veranschaulicht wird; der Draht ist daher jetzt stromlos.

In der Stellung 3 entstehen wieder in beiden Hälften Ströme von der Richtung der Pfeile, welche sich summiren; jedoch bemerkt man, dass die Richtung des so entstandenen Stromes der Stromesrichtung in Stellung 1 entgegengesetzt ist.

Verfolgt man die Bewegung weiter, so zeigt sich, dass in der nun folgenden Stellung 4 kein Strom zur Wirkung gelangen kann, und es ergiebt sich ferner, dass bei einer vollständigen Umdrehung 4 Mal ein Strom in der einen Richtung und 4 Mal ein entgegengesetzter Strom zum Vorschein kommen würde.

Die Art und Weise, wie die so entstandenen Ströme nach Aussen geleitet werden, ist aus derselben Figur ersichtlich. Es sind auf der Axe O zwei Metallringe a und b befestigt, welche weder unter sich noch mit der Axe leitende Verbindung haben, da sie auf einem, die Electricität nicht leitenden Körper, in diesem Falle einem Holzringe, gelagert sind. Je ein Metallring ist mit einem Ende des Kupferdrahtes verbunden.

Gegen die sich drehenden Ringe schleifen 2 an dem Gestell der Maschine befestigte Kupferstreifen, Bürsten genannt und in der Zeichnung mit c und d markirt; wird an diese Bürsten ein, ausserhalb der Maschine liegender Leitungsdraht L befestigt, so erhält man eine ununterbrochene Leitung, in welcher der Strom in der Richtung der Pfeile circulirt. Um dem so erhaltenen Strome eine grössere Stärke zu geben, lässt man nicht ein einfaches Stück Kupferdraht rotiren, sondern man windet den Draht auf Spulen auf und vereinigt mehrere dieser Spulen zu einer Leitung, so dass ein sehr langer Draht dem Einfluss der Magnete ausgesetzt wird.

Fig. 8 (S. 24) giebt ein Bild der ausgeführten Maschine. Man sieht an zwei gusseisernen Rahmen zwei ringförmige Systeme von Rollen befestigt, welche Electromagnete darstellen, durch deren Wirkung der in der schematischen Zeichnung als existirend angenommene Ring von magnetischen Feldern erzeugt wird. Zu diesem Zwecke sind die Windungen der Electromagnete so angeordnet, dass je zwei gegenüberliegende Eisenkerne dieselben Pole zeigen, während die Pole der nebenbefindlichen Electromagnete entgegengesetzt sind; in der Zeichnung ist dies durch die Buchstaben N und S angedeutet. In dem engen, ringförmigen Raum zwischen den Electromagneten, also unter dem Einfluss der magnetischen Kraft derselben, rotirt eine aus einzelnen Drahtspulen zusammengesetzte kreisförmige Scheibe, deren Rand durch die Form der Spulen ausgezackt erscheint. Man sieht hinten die Riemscheibe zum Betrieb der Maschine, vorn bemerkt man noch innerhalb des Gestells die Schleifringe mit den Bürsten, von denen die Ströme abgeleitet werden.

Es werden in dieser Maschine, welche den Strom für 16 Jablochkoff'sche Kerzen liefert, von den 16 Spulen je 4 zu einer Leitung verbunden und daher 4 getrennte Ströme erzeugt; dem entsprechend sieht man die 4 Leitungsdrähte a, b, c, d aus der Maschine herauskommen, während r die gemeinsame Rückleitung bildet. Der durch die Maschine erzeugte Strom kann hier nicht in derselben Weise wie bei der dynamo-electrischen Maschine benutzt werden, um den

24

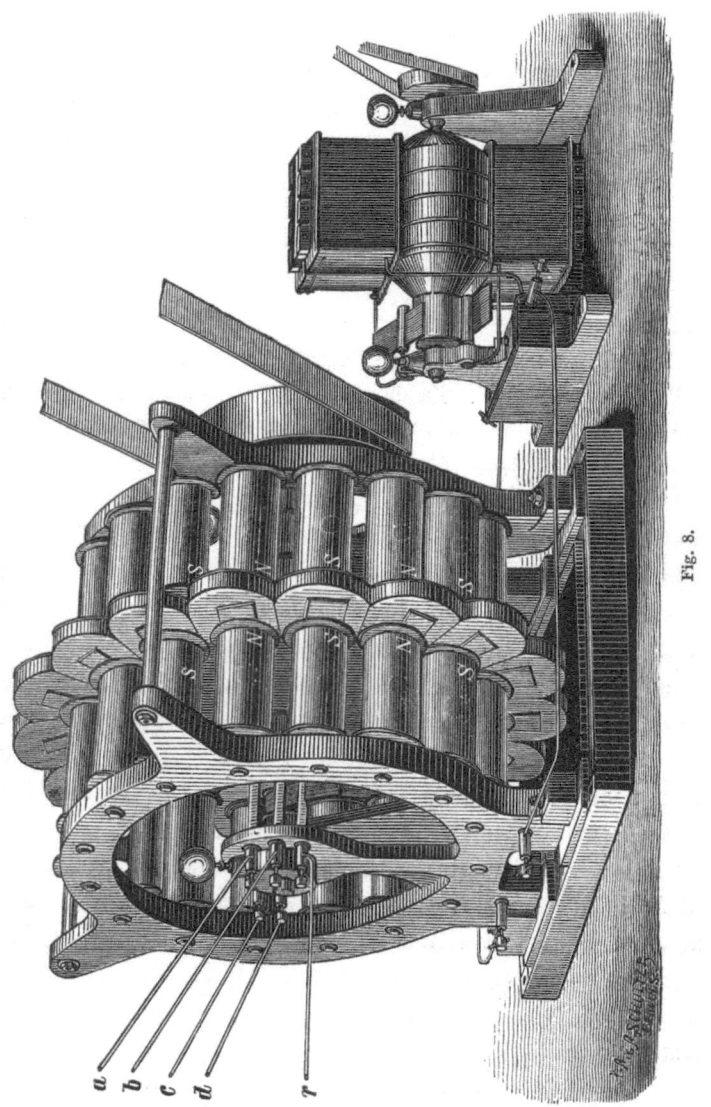

Fig. 8.

Magnetismus in den Electromagneten zu erzeugen; da unter dem Einfluss des Wechselstromes auch die Pole der Electromagnete wechseln würden, was hier nicht der Fall sein soll. Man bedient sich daher für diesen Zweck einer kleinen Maschine zur Erzeugung von gleichgerichteten Strömen von derselben Construction wie früher beschrieben, jedoch hier aufrecht stehend gezeichnet; und benutzt den Strom dieser Maschine zur Erregung der Electromagnete in der Wechselstrommaschine, wie dies in Fig. 8 dargestellt ist.

Auch hier lassen sich an Stelle der beschriebenen Maschine eine ganze Anzahl von Constructionen ersinnen und sind vor derselben und nach derselben veröffentlicht worden. Wir beschränken uns auf die Beschreibung dieser einen Maschine, da es nicht der Zweck dieser Zeilen ist, den Leser mit allen möglichen Constructionen bekannt zu machen, als vielmehr an einigen Beispielen die Entstehung der electrischen Ströme durch Maschinen zur Anschauung zu bringen.

Es mag hierbei für manchen Leser befremdend erscheinen, dass in dem rotirenden Kupferdraht fortdauernd neue Electricitätsmengen hervorgerufen werden, ohne dass der Vorrath an Electricität je ein Ende zu nehmen scheint.

Um den hier stattfindenden Vorgang verständlicher zu machen, sei eine ähnliche Erscheinung erwähnt, nämlich die Wärmeerzeugung durch die Bewegung eines Kolbens in einem mit Luft gefüllten Cylinder. Die durch den Kolben zusammengedrückte Luft wird erwärmt, und theilt sich die so zum Vorschein kommende Wärme dem Cylinder und den umgebenden Substanzen mit. So oft man den Vorgang wiederholt, indem man den Kolben in die Höhe hebt und die Luft von Neuem zusammendrückt, entsteht von Neuem dieselbe Wärmemenge, so dass man vermittelst eines kleinen Quantums Luft unter diesen Umständen unendliche Mengen von Wärme erzeugen kann; es zeigt sich jedoch, dass die erzeugte Wärmemenge in einem bestimmten Verhältniss zu der mechanischen Arbeit steht, welche auf das Zusammendrücken der Luft verwendet wurde, und man kann hieraus leicht den Schluss ziehen, dass die erzeugte Wärme nicht ursprünglich in der Luft enthalten war, sondern, dass die Luft nur als Vermittler gedient hat, um die mechanische Arbeit in Wärme zu verwandeln.

Ganz dieselbe Rolle spielt der Kupferdraht in den electrischen Maschinen; auch er hält die Electricität nicht in sich aufgespeichert, sondern dient nur dazu, die bei der Bewegung unter dem Einfluss von Magneten aufgewendete mechanische Kraft in Electricität zu verwandeln; gerade so, wie man vermittelst derselben Maschine auch umgekehrt durch einen electrischen Strom mechanische Kraft erzeugen kann. —

Trotzdem werden wir bei unseren weiteren Betrachtungen der Einfachheit wegen uns so ausdrücken, als ob die Electricität eine in dem Drahte befindliche Substanz wäre und den Draht etwa so ausfüllt, wie ein Wasserleitungsrohr von Wasser gefüllt ist.

Dieser Vergleich mit einem Wasserrohre hat Manches lehrreiche für sich. So wie das Rohr, welches das Wasser umgiebt, aus einem Material bestehen muss, das für Wasser undurchdringlich ist, so muss auch der mit Electricität gefüllte Draht von einer Substanz umgeben sein, welche für Electricität undurchdringlich ist. Man nennt solche Substanzen Isolatoren und zählt hierzu: Kautschuck, Porzellan, Leder, Wolle, Seide, Wachs, Glas, Harze etc. Weniger gut isoliren ferner: Trockenes Holz, Papier, trockene Luft etc., während feuchte Luft und feuchtes Holz noch schlechtere Isolatoren bilden.

So wie die Stärke der Wandung eines Rohres nach dem Drucke sich richtet, unter welchem das im Rohr befindliche Wasser sich befindet, so richtet sich der Grad der nothwendigen Isolirung nach einem ähnlichen Zustande der Electricität, nämlich nach der Dichte derselben. Hat die Electricität einen hohen Grad von Dichte, wie das z. B. bei der durch die bekannte Reibungs-Electrisirmaschine hervorgerufenen Electricität der Fall ist, so ist es schwer, genügende Isolation herzustellen; ja diese Maschinen selbst hören durch Ableitung der Electricität oft zu wirken auf, sobald sie sich in feuchter Luft befinden. Aus diesem Grunde hat die Reibungs-Electricität wenig praktische Verwendung gefunden. So wie nun ein Wasserrohr einen Querschnitt haben muss, welcher seiner Grösse nach der Menge des zu transportirenden Wassers entspricht, so muss auch der Leitungsdraht von einem, der Menge der Electricität angemessenen, Querschnitt gemacht werden. Und so wie die Kraftverluste um so grösser werden, je länger die Rohrleitung ist, so wird der Verlust an Stromstärke um so bedeutender, je weiter die Electricität fortgeleitet werden muss. Und so wie schliesslich die Reibung des fliessenden Wassers von der Beschaffenheit des Materials abhängt, aus welchem die Rohrwandung gebildet ist, so hängt auch der Widerstand, welchen der electrische Strom erfährt, von dem Material dieser Leitung selber ab.

Fassen wir dieses Alles zusammen, so ergiebt sich für electrische Beleuchtungsanlagen, dass der Draht aus einem Material sei, welches dem Strome einen geringen Widerstand bieten soll, dass derselbe genügend isolirt gelagert wird, ferner einen reichlichen Querschnitt habe, und dass schliesslich der Ort der Verwendung des Lichtes nicht zu weit vom Aufstellungsort der Maschine entfernt sein soll. Der ersten Bedingung entspricht ein Draht, der aus Kupfer hergestellt wird, da dieses mit Ausnahme des Silbers, welches der

Kostspieligkeit wegen hier ausgeschlossen ist, den besten Leiter für Electricität bildet. Man giebt diesem Drahte einen der Strommenge entsprechenden Querschnitt, indem man entweder einen einzelnen starken Draht verwendet oder, um eine grössere Biegsamkeit zu erlangen, mehrere dünne Drähte zu einer Leitung vereinigt. In Bezug auf die Isolation verlässt man sich mitunter auf die geringe Leitungsfähigkeit der atmosphärischen Luft und benutzt blanken Kupferdraht, oder man bekleidet diesen mit den bekannten isolirenden Substanzen in sehr verschiedener Weise, je nachdem die Umstände es erfordern.

Wir wenden uns nun zum letzten Theil unserer Betrachtung, nämlich zu den Apparaten, in welchen die, in den Maschinen erzeugte und durch die Leitung fortgepflanzte, Electricität nunmehr das electrische Licht hervorruft. —

Wer den Verbrennungsprocess in einer gewöhnlichen Kerze einer näheren Betrachtung unterzogen hat, weiss, dass die Hauptquelle des Lichtes diejenigen Kohlentheilchen sind, welche in der heissen Wasserstoffflamme schwebend zum Glühen gelangen. In Bezug auf die Quelle des Lichtes ist der Vorgang beim electrischen Kohlenlicht, welches wir hier ausschliesslich betrachten, ganz derselbe. Da aber die Wärme, welche durch den electrischen Strom erzeugt werden kann, bei weitem höher ist als die Temperatur einer Kerze, so ist die Gluth der Kohlentheilchen beim electrischen Licht eine viel intensivere und daher das Licht ein helleres, ein weisses; während die niedere Temperatur anderer Lichtquellen sich durch ihre gelblichröthliche Farbe markirt.

Von diesem Gesichtspunkte aus betrachtet ergiebt sich, dass das electrische Kohlenlicht eine grössere Aehnlichkeit mit den gebräuchlichen Lichtquellen hat, als Viele beim ersten Anblick wohl glauben mögen.

Wir haben schon früher erwähnt, auf welche einfache Weise man ein electrisches Licht herstellen kann. Wenn man an einen jeden der beiden Leitungsdrähte, die mit einer galvanischen Batterie oder einer im Betrieb befindlichen Lichtmaschine verbunden sind, ein Stückchen Kohle — am besten in Form eines Stabes — befestigt und alsdann beide Kohlenstäbe mit einander berührt, so hat man eine geschlossene Leitung, in welcher ein electrischer Strom circulirt. Man nimmt sofort wahr, dass an den Berührungsstellen der beiden Stäbe eine starke Erwärmung eintritt, welche von dem Widerstande herrührt, den der electrische Strom beim Uebergange von einem Stabe zum anderen zu überwinden hat. Entfernt man jetzt beide Stäbe langsam von einander, so muss der Strom den sehr hohen Widerstand der zwischen den Stabenden befindlichen erwärmten Luftschicht überwinden. In Folge dessen erhitzen sich die Enden der Kohlenstäbe sehr bedeutend; dieselben gelangen sofort zur Weissgluth, und zwischen ihnen bildet sich eine leuchtende Luftschicht, in welcher abgerissene Kohlentheilchen zur Verbrennung gelangen. Dies ist die Entstehung des electrischen Kohlenlichtes.

Betrachtet man zwei Kohlenstäbchen, zwischen denen ein electrischer Lichtbogen entstanden war, etwas näher, so findet man, dass die Kohlenstäbe die in Fig. 9 (S. 30) gezeichnete Form angenommen haben, indem die obere Kohle sich aushöhlt, die untere sich zuspitzt, vorausgesetzt, dass der Strom dauernd die Richtung hat, welche durch den Pfeil angedeutet ist. Sehr beachtenswerth ist hierbei, dass in der Höhlung der oberen Kohle das stärkste Licht erzeugt wird, wodurch auch die Verbrennung der oberen Kohle fast doppelt so schnell vor sich geht, als es bei der unteren Kohle der Fall ist. Hätten wir an Stelle des gleichgerichteten Stromes Wechselströme angewendet, so würden beide Kohlenstäbe sich zugespitzt haben, die Lichtstärke und somit auch die Abnutzung beider Stäbe dieselbe sein.

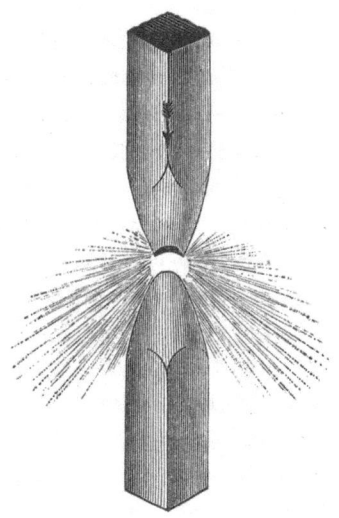

Fig. 9.

Wir setzen unseren Versuch fort, indem wir jetzt die beiden Kohlenstäbchen weiter von einander halten, und bemerken, dass nunmehr das electrische Licht verschwindet. Der Strom ist nicht stark genug, um den grossen Widerstand der weiten Luftschicht zu überwinden, und der Strom ist daher unterbrochen. Lassen wir die Kohlen wiederum auf einander stossen und entfernen sie langsam von einander, so entsteht der Lichtbogen von Neuem.

Hiernach ist es sehr leicht, diejenigen Bedingungen aufzustellen, welche ein selbstthätiger Regulator für electrisches Licht erfüllen muss. Es sind die Folgenden:

1. Die Kohlenstäbe müssen sich berühren, sobald kein Strom durch die Leitung geht.

2. Ist der Strom entstanden, so muss derselbe die Kohlen auseinander treiben.
3. Während der Dauer des Stromes müssen die Kohlen zur Erzielung eines ruhigen Lichtes einen gleichmässigen Abstand von einander behalten.
4. Soll das Licht in Verbindung mit Linsen oder Reflectoren angewendet werden, so muss auch seine Stellung im Raume unveränderlich sein.

Die Construction der Regulatoren bot viele Schwierigkeiten dar, und gelang es zuerst dem berühmten Physiker Foucault einen brauchbaren Apparat zu erfinden, welcher, von Dubosque verbessert, noch heute unter dem Namen Foucault-Dubosque bekannt ist.

Gegenwärtig ist in Frankreich der Serrin'sche Regulator sehr verbreitet, während in Deutschland Siemens & Halske durch ihre vorzüglich gearbeiteten Regulatoren Erfolge erzielt haben. Beide Constructionen sollen hier kurz erläutert werden, indem die Erfüllung der oben gestellten Bedingungen an ihnen nachgewiesen wird.

Der Regulator von Siemens & Halske ist in Fig. 10, derselbe von Serrin in Fig. 11 (S. 32) dargestellt.

Beim Regulator von Siemens & Halske bemerkt man, dass die beiden Kohlenstäbe von zwei Zahnstangen gehalten werden, von denen die obere erheblich länger und schwerer ist als die untere. Beide Zahnstangen greifen in je ein Zahnrad und sind diese beiden Zahnräder auf einer gemeinsamen Axe befestigt. Es ergiebt sich hieraus, dass beim Senken der oberen Zahnstange die untere in die Höhe geht, bis durch Berührung der beiden Kohlenstäbe die Bewegung gehemmt wird. Um zu verhindern, dass diese Abwärtsbewegung zu rasch vor sich geht, ist die erwähnte Axe mit einem gewöhnlichen Räderwerk und einer Windflügelhemmung

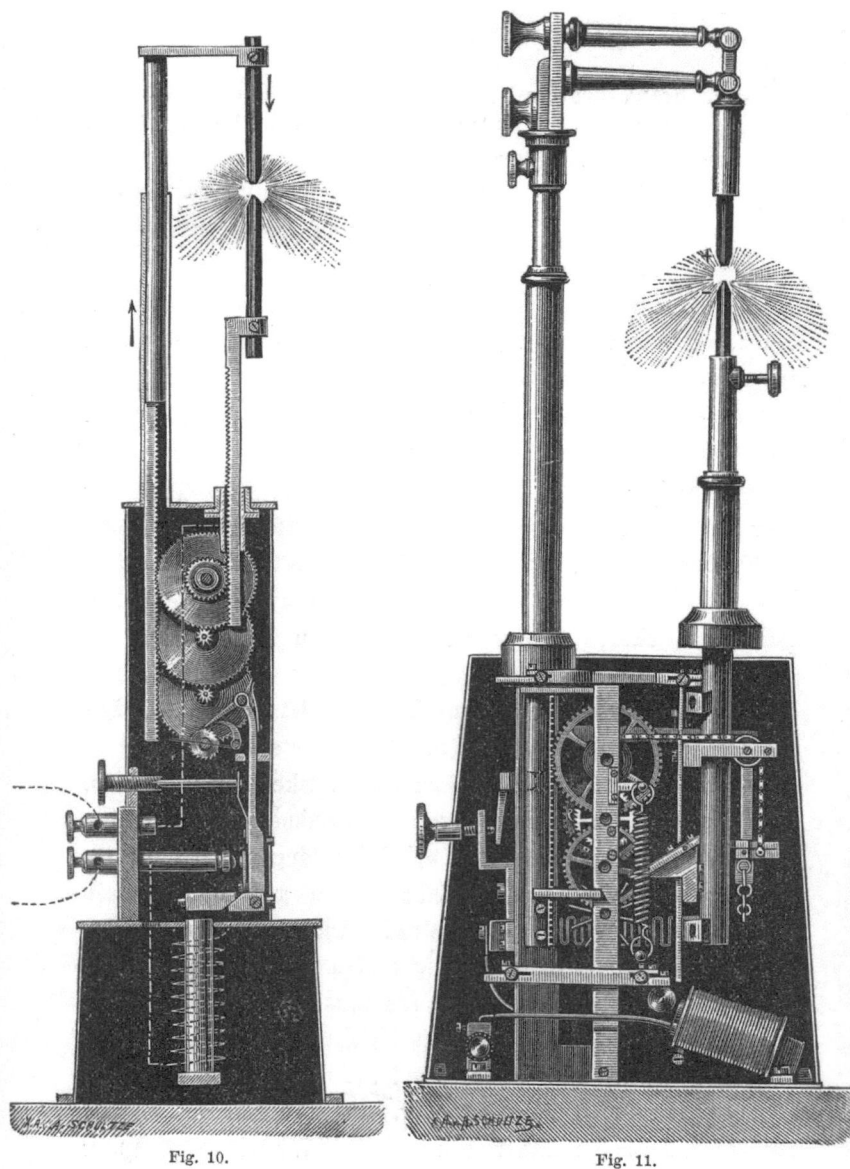

Fig. 10. Fig. 11.

verbunden. Durch Berühren der Kohlenstäbe ist der ersten Bedingung entsprochen.

Bei der Construction von Serrin ist die obere Kohle ebenfalls mit einer Zahnstange verbunden, welche in ein Zahnrad greift. Auf der Axe des Letzteren jedoch sitzt ein Kettenrad, und die untere Kohlenstange wird demgemäss von einer Kette getragen. Die Wirkung ist hier dieselbe wie bei der Construction von Siemens & Halske. Eigenthümlich an diesem Regulator ist jedoch, dass durch den Druck der oberen Kohle auf die untere die letztere sich senkt und durch einen Sperrhaken die Bewegung hemmt, wodurch verhindert wird, dass die obere Kohle mit ihrem vollen Gewicht auf der unteren lastet.

Um der zweiten Bedingung zu entsprechen, benutzt man die Wirkung des electrischen Stromes selbst, indem man den Strom durch einen Electromagneten laufen lässt.

Beim Serrin'schen Regulator sieht man unten rechts den Electromagneten, dessen anziehende Wirkung bei genügender Stromstärke dahin geht, den runden Anker und vermittelst des daran befestigten Parallelogramms den unteren Kohlenhalter herabzuziehen. Hierdurch entfernen sich beide Kohlenstäbe von einander. Beim Regulator von Siemens & Halske beginnt bei einer bestimmten Stromstärke ein fortdauerndes Spiel des Ankers, indem der Strom einmal um den Electromagneten läuft und sodann sich selbst diesen Weg versperrt, so dass der zuerst angezogene Anker durch eine Feder wieder zurückgezogen wird, worauf der Electromagnet den Anker wieder anzieht und so fort. Vermittelst eines Sperrkegels wird diese hin und hergehende Bewegung des Ankers auf ein Räderwerk übertragen, dessen Drehung das Auseinandergehen der Kohlenhalter zur Folge hat. In beiden Regulatoren wirkt eine den Anker zurückziehende regulirbare Feder dahin, dass die so eben besprochene Wirkung des Electromagneten erst bei einer bestimmten Stromstärke eintritt.

Die Art und Weise, in der nun, entsprechend der dritten Bedingung, die beiden Kohlen dauernd in gewisser Entfernung von einander gehalten werden, ergiebt sich sehr leicht, wenn man bedenkt, dass bei grosser Entfernung der Kohlen von einander der Widerstand, welchen der Strom zu überwinden hat, zunimmt, also die Stärke des Stromes abnimmt; während umgekehrt bei einem geringen Abstand der Kohlen von einander die Stromstärke zunimmt.

Die Folge der oben erklärten Vorrichtungen ist nun, dass bei einer gewissen, durch Regulirung der den Anker zurückhaltenden Feder, bestimmten Stromstärke, welche in Folge zu grosser Annäherung der Kohlenstäbe hervorgerufen wird, der Electromagnet zu wirken beginnt und die Kohlen auseinander treibt. Sind dieselben jedoch zu weit von einander entfernt, so hört die Thätigkeit des Electromagneten auf, und der obere Kohlenhalter bewirkt durch sein Uebergewicht ein Zusammenfallen der Kohlen. Beide Kräfte, welche abwechselnd thätig sind, haben den Erfolg, dass die Kohlen fast genau in bestimmter Entfernung von einander bleiben, und die Schwankungen des Lichtes bei einem guten Regulator mit dem Auge kaum wahrnehmbar sind.

Schliesslich wird die Stellung des Lichtes im Raume dadurch dauernd auf einem Punkt erhalten, dass die Kohlenstangen sich in demselben Verhältniss zu einander bewegen, in welchem erfahrungsgemäss die Verbrennung vor sich geht; dass also die obere Kohlenstange eine fast doppelt so schnelle Bewegung hat als die untere. —

Es lassen sich auch hier, auf demselben und ähnlichen Principien beruhend, eine ganze Anzahl von Constructionen erdenken, welche denselben Zweck erfüllen; jedoch mindestens ebenso wesentlich für einen guten Erfolg muss bei den Regulatoren die gewissenhafte Ausführung derselben und die exacte Regulirung betrachtet werden. Hier sei von den verschiedenen Regulatoren, die in jüngster Zeit aufgetaucht sind, seiner Einfachheit wegen noch der Krupp'sche Regulator genannt; ferner der Regulator von De Mersanne, in welchem Kohlenstäbe von sehr grosser Länge benutzt werden können.

Auch wollen wir hinzufügen, dass man anstatt der Kohlenstäbe drehbare Kohlenscheiben benutzt hat, sowie einen Stab in Verbindung mit einer Scheibe. In einer amerikanischen Lampe von Wallace-Farmer werden 2 Kohlenplatten angewendet, deren einander zugewandte Kanten allmälig von einer Ecke zur andern abbrennen sollen. Schliesslich sei auch hier gleich die Lampe von Rapieff erwähnt, — obgleich diese, sowie die vorangegangene, eigentlich nicht zu den Regulatoren gehört —, welche 4 dünne Kohlenstäbe enthält, wobei sich der Vortheil ergiebt, dass jeder Kohlenstab ersetzt werden kann, ohne dass der Lichtbogen zu erlöschen braucht.

Es muss als eine Eigenthümlichkeit an den hier näher beschriebenen Regulatoren bezeichnet werden, dass man nicht im Stande ist, mehrere derselben durch einen gemeinsamen Strom zu speisen, sondern, dass jeder Regulator seine besondere dynamo-electrische Maschine zum Betriebe erfordert. Die Ursache ist leicht erkennbar. Da die Schwankungen in der Entfernung der Kohlenstäbe von einander Schwankungen in der Stärke des durch die Leitung fliessenden Stromes bewirken, wie wir oben ausgeführt haben, welche wiederum benutzt werden, um die bestimmte Entfernung zwischen den Kohlen herzustellen, so ist es klar, dass jede Veränderung in dem Gang des einen Regulators störend auf den Gang eines anderen, in demselben Stromkreis gelegenen, einwirken müsste.

Diese gegenseitige Störung aufzuheben, war das eifrige Bestreben der in diesem Fache thätigen Techniker, als das erfolgreiche Auftreten Jablochkoff's in Paris, namentlich während der Dauer der Weltausstellung im verflossenen Jahre, die allgemeine Aufmerksamkeit auf die electrische Kerze lenkte. Sehen wir uns eine solche Kerze näher an, so finden wir, dass dieselbe zwei parallel nebeneinander stehende schwache Kohlenstäbe enthält, welche unten je in einer Messingfassung befestigt sind, während dieselben oben durch eine dünne Lage von Kohlenpulver, das mit einer klebrigen Substanz aufgetragen wird, in leitende Verbindung gebracht werden. Der Raum zwischen den beiden Kohlenstäben ist durch eine isolirende Substanz, meist aus Gyps bestehend, angefüllt. Leiten wir einen Strom durch diese Kerze, so zeigt sich, dass bei genügender Stärke des Stromes der oben befindliche dünne Streifen aus Kohle zu glühen beginnt und schliesslich verbrennt. Jetzt entsteht zwischen beiden Kohlenstäben der electrische Lichtbogen, wie in Fig. 12 dargestellt.

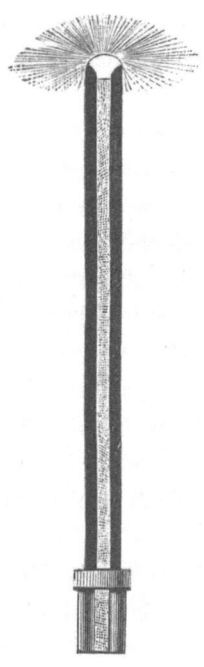
Fig. 12.

Durch die entstehende Hitze gelangt die oberste Schicht der isolirenden Substanz zur Verflüchtigung, und die entstehenden Dämpfe vermehren die Leitungsfähigkeit des electrischen Lichtes, indem sie demselben zugleich ein grösseres Volumen ertheilen, als man an den Regulatoren wahrnimmt. In dieser Weise sind die Kohlen immer ihrer ganzen Länge nach von einander isolirt und nur oben durch den Lichtbogen verbunden. So brennt die Kerze, bei welcher jeder Mechanismus vermieden ist, allmählig herunter, was in $1\,^{1}/_{2}$ Stunden zu geschehen pflegt. Es wird aus dem Anblick der Kerze von selbst klar, dass Jablochkoff sich der dynamo-electrischen Maschine für gleichgerichtete Ströme nicht bedienen kann, da sonst der eine Kohlenstab rascher verbrennen würde als der andere, sondern er musste, um dieses zu vermeiden, Wechselströme in Anwendung bringen.

Jedoch es war nicht allein die grosse Einfachheit der electrischen Kerze, welche überraschte, sondern auch der Umstand, dass man im Stande war, mehrere, meist 4 bis 6 Kerzen, durch einen gemeinsamen Strom zu speisen, da der Widerstand im Lichtbogen der Kerze ziemlich constant blieb. Man näherte sich so dem lang ersehnten Ziele der Theilung des electrischen Lichtes und, indem man von einer Wechselstrommaschine mehrere Ströme ableitete, war man im Stande, 16—24 Kerzen von einer Maschine aus zu speisen. Kein Wunder, dass grosse Hoffnungen mit der Einführung der Jablochkoff'schen Kerze verbunden wurden. —

Wir haben so in möglichster Kürze die Construction der electrischen Lichtmaschinen, die Fortleitung des Stromes und die Mittel zur Umwandlung des Stromes in Licht besprochen, und gehen nun dazu über, die Verwendung des in dieser Weise erzeugten Lichtes für Zwecke der Beleuchtung in Betracht zu ziehen.

II.
Die Verwendung des electrischen Lichtes.

Die Geschichte des electrischen Lichtes wird einst ein lehrreiches und dankbares Thema sein. Sie wird ergeben, wie ein physikalisches Experiment, welches anfänglich grosse Hoffnungen erweckte, in Folge scheinbar unüberwindlicher Schwierigkeiten für lange Zeit nur als ein glänzendes Laboratoriums-Experiment betrachtet werden musste. Sie wird ferner zeigen, wie verschiedene Erfinder, der Entwicklung ihrer Zeit vorauseilend, Ideen veröffentlichten, welche erst in späterer Zeit, nachdem die Hindernisse ihrer Ausführung beseitigt waren, zur Geltung gelangten, um alsdann als neue Erfindungen wieder aufzutauchen.

Heute ist der Zeitpunkt noch nicht gekommen, eine solche Geschichte zu schreiben, denn wir befinden uns inmitten einer Strömung und wissen nicht, wohin wir steuern werden. Wohl aber sind wir heute auf den Standpunkt angelangt, bei welchem wir sagen können, das electrische Licht nimmt einen berechtigten Platz unter den Beleuchtungsmitteln ein, es ist unter Umständen im Stande mit anderen Beleuchtungen erfolgreich zu concurriren, und es giebt Fälle, in welchen es durch ein anderes Licht nicht ersetzt werden kann.

Um diese Behauptung beweisen zu können, wollen wir

über die Mittel, welche die Anwendung der im ersten Theile dieser Schrift beschriebenen Maschinen uns für Beleuchtungszwecke in die Hand giebt, sowie über die passendste Verwendung der so erzeugten Lichtquellen eine kurze Betrachtung anstellen. Wir werden hierbei genöthigt sein, das mit den Maschinen erzeugte Licht in Bezug auf seine Stärke zu messen, eine Aufgabe, welche bisher von der Wissenschaft noch nicht mit der wünschenswerthen Genauigkeit gelöst worden ist, so dass alle späteren Angaben über Lichtstärke nur als Schätzungswerthe zu betrachten sind. Zu diesem Zwecke ist es vor Allem nothwendig, ein Licht festzustellen, welches bei den Messungen als die Einheit der Lichtstärke betrachtet wird, und hat man hierzu in Deutschland eine Paraffinkerze gewählt, deren Durchmesser gleich 20 Mm. ist und deren Flammenhöhe 50 Mm. beträgt. Die Zweckmässigkeit dieser Einheit kann angezweifelt werden, namentlich da, wo es sich, wie beim electrischen Licht, um Messung sehr intensiver Lichtquellen handelt. Haben nun an und für sich, wie bereits erwähnt, derartige Messungen wenig Anspruch auf Genauigkeit, so wird die Schwierigkeit noch erhöht, wenn die zu vergleichenden Lichtquellen von verschiedener Farbe sind; wobei alsdann noch hinzu kommt, dass die Empfindlichkeit für Farben bei den Menschen sehr verschiedenartig ausgebildet ist. Es lässt sich eben der Lichteffect nicht so präcise feststellen, wie etwa der Effect der Wärme oder die Wirkung der Schwerkraft, da ersterer auf einer rein subjectiven Empfindung beruht; daher ist auch das Urtheil der Menschen über den Eindruck einer Beleuchtung ein sehr verschiedenes und namentlich durch die Gewohnheit sehr beeinflusst. Sind wir doch gegenwärtig so an das gelbliche Gaslicht gewöhnt, dass das weisse, electrische Licht anfänglich etwas Befremdendes hat und dieser Art von

Beleuchtung zum Vorwurf gemacht worden ist; während sich mit Sicherheit behaupten lässt, dass, wenn die Anwendung beider Beleuchtungsmethoden der Zeit nach eine umgekehrte gewesen wäre, die schmutzig gelbe Farbe der Einführung des Gaslichtes sehr hinderlich gewesen sein würde. Die Gewohnheit spielt nicht nur hierbei, sondern auch dann eine grosse Rolle, wenn es sich darum handelt, die für irgend einen Raum nöthige Lichtmenge abzuschätzen. Gerade in dieser Beziehung wachsen die Ansprüche mit den Mitteln, um den Anforderungen zu genügen, und wie das Bedürfniss nach mehr Licht wesentlich zur Einführung des Gaslichtes beigetragen hat, so kommt derselbe Trieb jetzt der Anwendung des electrischen Lichtes zu Gute.

Halten wir nun einmal Umschau über diejenigen Lichtquellen, welche uns für electrische Beleuchtungszwecke zu Gebote stehen, so zeigt sich, dass die meisten Fabrikanten dynamo-electrische Maschinen liefern, welche in Verbindung mit einem Regulator ein Licht erzeugen, dessen Stärke etwa 4000, 1200 und 600 der vorhin erwähnten Einheiten beträgt, während die Lichtstärke der Jablochkoff'schen Kerze auf ungefähr 400 Einheiten abgeschätzt wird. Es ist hiermit nicht gesagt, dass sich mit Regulatoren nicht jede andere dazwischen liegende Lichtstärke erzeugen liesse; jedoch ist es für die Fabrikation nothwendig, gewisse Normen festzuhalten, und mit diesen werden wir zu rechnen haben. Auch ist das Licht von 4000 Einheiten durchaus nicht das stärkste, welches sich mit Hülfe von dynamo-electrischen Maschinen erzeugen lässt. Siemens & Halske stellen in dieser Weise ein Licht von 10000 Einheiten her, und von Gramme wird berichtet, dass er eine Maschine gebaut habe, mit deren Hülfe ein Licht erzeugt worden sei, dessen Stärke auf 30000 Einheiten gemessen wurde; eine Messung, welche wohl nur als ganz ungefähre Schätzung zu betrachten ist. Die Anwendung derartiger intensiver Lichtquellen kann jedoch nur dann in Betracht gezogen werden, wenn es sich um eine Verwendung des electrischen Lichtes für Leuchtthürme handelt, während wir uns für mehr allgemeine Zwecke der oben bezeichneten Lichtstärken von 4000 bis zu 400 Einheiten zu bedienen haben.

Wir wollen bei der Anwendung des electrischen Lichtes für Leuchtthürme einen Augenblick verweilen, denn es ist gerade dies die erste andauernde Verwendung, welche das electrische Licht gefunden hat. Es war am 26. December 1863, als M. Berlioz, der energische Leiter der Alliance Cie., zuerst das Licht auf einem Leuchtthurme bei Hâvre in Thätigkeit setzte, und zwar mit solchem Erfolge, dass man sich nach Verlauf von 15 Monaten entschloss, auch den zweiten bei Hâvre befindlichen Leuchtthurm mit diesem Licht zu versehen. Dieses Beispiel wurde in England bald nachgeahmt, und es kann sicherlich als ein günstiges Zeichen angesehen werden, dass dort nach und nach auf 7 Leuchtthürmen das Lampenlicht durch ein electrisches Licht ersetzt worden ist. Andere Länder, mit Ausnahme von Deutschland, sind hierin gefolgt. Das mit Hülfe der Electricität erzeugte Licht ist ganz erheblich billiger als das Lampenlicht, auch hat dasselbe bei klarer Luft in Folge seiner Intensität einen bedeutend grösseren Leuchtkreis; jedoch zeigt sich leider, dass die Fähigkeit, den Nebel zu durchdringen, nicht im Verhältniss zur Lichtstärke steht, sondern beim electrischen Licht nur wenig grösser ist als beim Lampenlicht.

Sehr nahe verwandt mit der Verwendung auf Leuchtthürmen ist die Anwendung des electrischen Lichtes auf Dampfschiffen, auf denen der zur Verfügung stehende Dampf die Kosten der Anlage wesentlich verringert. Hier jedoch sind die zuerst auf den französischen transatlantischen Dampfern angestellten Versuche nicht günstig ausgefallen. Was die Ursache des Misserfolges war, ist nicht recht ersichtlich; es sei denn, dass die noch unvollkommenen Apparate und kleine Nebenumstände, die mitunter sehr ins Gewicht fallen, das Resultat beeinflusst haben. Heute geht man nicht mehr mit der Absicht um, die Schiffslaternen mit electrischem Licht zu versehen, sondern benutzt das letztere nur zum Zwecke einer gelegentlichen Beleuchtung; namentlich auf Kriegsschiffen, um herannahende Schiffe oder Torpedos während der Nacht bemerkbar machen zu können. Eine sehr nützliche Anwendung auf Flussdampfern soll später noch näher beschrieben werden.

Wir haben das electrische Licht in seiner Anwendung über Wasser und auf dem Wasser erwähnt und es sei noch bemerkt, dass dasselbe auch eine Verwendung unter Wasser hat. Während nämlich jede andere Lampe des Luftzutrittes bedarf, um bestehen zu können, kann man das electrische Licht auch in einer vollständig geschlossenen Glocke herstellen. Freilich findet dann keine Verbrennung der Kohlenstäbe statt, sondern nur ein Glühen, und das Licht ist weniger intensiv als in freier Luft; aber wir werden noch später sehen, dass es gewisse Formen des electrischen Lichtes giebt, in welchem der Abschluss der äusseren Luft sogar Bedingung ist. Jedenfalls ist die electrische Beleuchtung leicht und nützlich für Taucherarbeiten und Fundamentirungsarbeiten unter Wasser zu verwenden.

Die erste Anwendung des electrischen Lichtes unter Wasser ist übrigens nicht für die hier erwähnten Zwecke gemacht worden, sondern mit der Absicht, den Fischfang zu erleichtern. Man hatte sich grossen Hoffnungen in dieser Beziehung hingegeben, fand sich aber sehr enttäuscht, als sich herausstellte, dass die Fische, anstatt zum Lichte zu schwimmen, es vorzogen, sich aus dem Lichtkreise zu entfernen.

Begeben wir uns nun auf's Trockene, so ist es von selbst einleuchtend, dass, in ähnlicher Weise wie bei den Leuchtthürmen, das electrische Licht, auf einem erhöhten Punkte angebracht, dazu dienen kann, grosse Flächen Landes zu beleuchten. In dieser Weise wird die electrische Beleuchtung schon gegenwärtig bei Hafen- und Kanalbauten, Bahnanlagen, Steinbrüchen und in ähnlichen Fällen benutzt; ein Beispiel einer solchen Benutzung soll später gegeben werden. Auch hat bei ausgedehnten Erdarbeiten das electrische Licht den Vorzug, je nach Bedürfniss leicht transportabel zu sein. Man benutzt hier zumeist einen mit Rädern versehenen Rahmen, auf welchem der Dampfkessel, die Dampfmaschine und die electrische Lichtmaschine in passender Weise befestigt werden, verwendet ein leicht zusammenlegbares Gestell, um den Regulator hoch aufstellen zu können, verbindet Letzteren durch ein biegsames Kabel mit der Lichtmaschine, und kann so im Zeitraum von einer halben Stunde an jeder Stelle ein intensives Licht herstellen. Einer ganz gleichen Zusammenstellung bedient man sich bei Verwendung des electrischen Lichtes für militärische Zwecke, nur dass den bezeichneten Theilen noch ein Fresnel'scher Linsenapparat hinzugefügt wird, um entweder entfernt liegende Gegenstände stark beleuchten zu können, oder um den weithin sichtbaren Lichtstrahl zum Signalisiren zu benutzen.

Schliesslich sei hier noch erwähnt, dass das nach einer Richtung concentrirte Licht auch benutzt wird, um durch Apparate, ähnlich der allgemein bekannten Laterna magica, microscopische Objecte in vergrössertem Maassstabe an die Wand zu werfen und so einem grösseren Zuschauerkreise sichtbar zu machen. Ferner um von photographischen Platten Copien anzufertigen, sowie auch Aufnahmen zu machen und für verschiedene derartige Zwecke, deren Erwähnung uns hier zu weit führen würde.

Wir wollen nun eine Zusammenstellung machen, welche uns zu einigen interressanten Betrachtungen über das electrische Licht Veranlassung bietet. Wir benutzen eine kleine Gaskraftmaschine von 4 Pferdekraft, treiben damit eine entsprechend grosse dynamo-electrische Maschine und verwenden den Strom der Letzteren zur Erzeugung eines electrischen Lichtes vermittelst eines passenden Regulators. In der Gaskraftmaschine verbrauchen wir, falls dieselbe sich in einigermassen gutem Zustande befindet, pro Stunde und Pferdekraft 1 Cubikmeter Gas, und wollen wir das Gas zu dem Berliner Preise von M. 0,16 pro Cubikmeter berechnen. Die Kosten der Unterhaltung der Gaskraftmaschine betragen alsdann pro Stunde: M. 0,64 für Gas, hierzu M. 0,10 für Schmieröl und M. 0,16 für Kühlwasser, zusammen M. 0,90. Die dynamo-electrische Maschine verbraucht an Material nichts als etwas Schmieröl für die beiden Lager, jedoch zu unbedeutend, um hier Berücksichtigung zu erfordern; dagegen verbrennen in dem Regulator die beiden Kohlenstäbe, und zwar wollen wir die hierdurch entstehenden Kosten auf M. 0,25 pro Stunde abschätzen. So sehen wir, dass, abgesehen von der Verzinsung und Amortisation des Anlagekapitals, sowie von der Bedienung, die Kosten des hier in Betracht gezogenen Lichtes pro Stunde Brennzeit M. 1,15 betragen.

Was erhalten wir hierfür?

Ein Licht, dessen Stärke auf 4000 Einheiten abgeschätzt wird oder, um einen anderen Maassstab zu wählen, welches 266 mal so stark ist als das Licht eines Gasbrenners von der

Grösse, wie sie in Berlin zur Beleuchtung der Strassen verwendet wird[1]).

Recht interessant ist hierbei die Bemerkung, dass wir bei directer Verbrennung der, in der Gaskraftmaschine verbrauchten, 4 cub. meter Gas nur 19 derartiger Brenner während einer Stunde hätten speisen können, welche zusammen einen Lichteffect von 285 Einheiten repräsentiren; so dass also die Benutzung des Gases zur Erzeugung von Kraft, die Umwandlung dieser Kraft in Electricität und die Benutzung der letzteren zur Entstehung des Lichtes in Bezug auf die gesammte erzielte Lichtmenge gegenüber der directen Verbrennung des Gases nicht einen Verlust, sondern ganz entgegengesetzt einen erheblichen Gewinn hervorgerufen hat.

Man hat eine andere Rechnung mit diesen Zahlen verbunden, welche wir hier nicht unerwähnt lassen wollen. Man hat sich nämlich gefragt, wie viel die Unterhaltung der Gasflammen kostet, welche nothwendig sind, um zusammen ein Licht von 4000 Einheiten zu erzeugen. Legen wir die obigen Zahlen zu Grunde, so würde sich ergeben, dass in diesem Falle die Kosten M. 9,36 pro Stunde betragen, wobei 266 Flammen als erforderlich angenommen sind. Hieraus ist die Behauptung entstanden, dass das electrische Licht 8 mal so billig sei als Gaslicht. Eine Behauptung, welche für die Praxis ganz bedeutungslos ist, da das in Betracht gezogene electrische Licht nie in derselben Weise verwendet werden kann wie die in Rechnung gestellten 266 Gasflammen.

Es wird sich später zeigen, dass fast überall da, wo die Anwendung von electrischem Licht und Gaslicht gleichzeitig

---

[1]) Ein Berliner Strassenbrenner hat eine Lichtstärke von 15 Einheiten und verbraucht pro Stunde 0,22 cub. m. Gas.

in Betracht gezogen werden darf, derartige erhebliche Unterschiede in den Unterhaltungskosten der beiden Beleuchtungsarten nicht vorhanden sind.

Das Licht von 4000 Einheiten, welches wir mit Hülfe der oben bezeichneten Zusammenstellung erzeugt haben, ist in einem sehr kleinen Raum, man möchte sagen, in einem Punkte concentrirt, während die lichtarme, einzelne Gasflamme ein viel grösseres Volumen hat. Dieser Umstand ist zuweilen günstig für die Anwendung des electrischen Lichtes, in den meisten Fällen jedoch als ein Nachtheil zu betrachten, da die Wirkung eines derartigen Lichtes in unmittelbarer Nähe für das Auge fast gefährlich ist. Kann man die Beleuchtung von einem hoch gelegenen Punkte aus stattfinden lassen, so spricht dies weniger mit, will man jedoch einen bedeckten Raum durch das hier in Betracht gezogene Licht erleuchten, so ist man gezwungen, den Regulator mit einer grossen durchscheinenden Glasglocke zu umgeben, so dass der Lichtpunkt selbst verschwindet, wodurch ein erheblicher Verlust an Licht entsteht. Es ist sehr wohl bemerkenswerth, dass in dieser Form das starke Licht von 4000 Einheiten dem Auge bei weitem angenehmer ist, als ein schwaches Licht von 100 Einheiten, welches in einem Punkte concentrirt ist und in Folge dessen einen funkelnden Glanz entwickelt. Offenbar wird das Auge in letzterem Falle bedeutend mehr angegriffen.

Weiter bemerken wir noch an dem electrischen Lichte, dass es von absolut weisser Farbe ist und dass es, verglichen mit dem Gaslicht, die angenehmen Eigenschaften hat, weder so gefährlich zu sein, auch der Gesundheit nicht nachtheilig. und schliesslich keine solche Hitze zu entwickeln, als eine gleichwerthige Anzahl von Gasflammen in einem geschlossenen Raum hervorrufen würde. Wir werden auf diese

Eigenthümlichkeiten des electrischen Lichtes bei der näheren Betrachtung einzelner Anwendungen, zu denen wir nun schreiten, noch einmal zurückkommen.

Wir beginnen wiederum mit einer Anwendung der electrischen Beleuchtung für Zwecke der Schifffahrt.

Ende des Jahres 1877 wurde auf dem Dampfer „Deutschland", den Herren Theodor Rocholl & Co. in Bremen gehörig, eine Beleuchtung eingerichtet, um diesen Dampfer, welcher als Schlepper auf der Weser functionirte, die Fahrt während der Nacht zu ermöglichen. Zu diesem Zwecke wurde eine vierpferdige Dampfmaschine aufgestellt und mit dem Schiffskessel in Verbindung gesetzt. Diese Maschine diente zum Betriebe einer Lichtmaschine aus der Fabrik von Siemens & Halske, welche den Strom für einen Regulator lieferte, der an der äussersten Spitze des Schiffes aufgestellt war, und dessen Licht durch einen parabolischen Spiegel nach vorn geworfen wurde. Es war ferner die Einrichtung getroffen, dass nach Abbrennen der Kohlen in dem Regulator, was bei dem hier angewendeten starken Strom in etwa drei Stunden zu geschehen pflegte, der Strom momentan durch eine Umschalte-Vorrichtung in einen zweiten Regulator geleitet wurde, der alsdann wiederum drei Stunden hindurch in Benutzung war. Der Dampfer selbst befand sich vollständig im Dunkeln, aber die Beleuchtung des Flusses und der Ufer war so intensiv, dass auch drei nachfolgende Kähne genügend Licht hatten, um selbstständig steuern zu können. Bei der ersten Probefahrt, welcher Verfasser beiwohnte, wurde mit vollem Dampfe in einer sehr dunkelen Nacht stromaufwärts gefahren, ein Resultat, welches bei dem engen Fahrwasser der Weser als sehr zufriedenstellend zu betrachten ist. Diese Einrichtung ist seitdem ohne Störung dauernd im Gebrauch, auch an den beiden anderen der Gesellschaft gehörigen Dampfern angebracht worden und inzwischen auf verschiedenen Flussdampfern zur Anwendung gekommen.

Für die Anwendung des electrischen Lichtes auf Dampfern ist es, wie bereits erwähnt, als ein günstiger Umstand zu betrachten, dass der zum Betriebe nöthige Dampf aus den Kesseln des Schiffes entnommen werden kann; dahingegen ist es nicht thunlich, die Schiffsmaschine zum Betriebe der electrischen Maschine benutzen zu wollen. Denn abgesehen davon, dass man oft Licht gebraucht, während die Schiffsmaschine ruht, ist es zur Herstellung eines ruhigen Lichtes absolut erforderlich, dass die Bewegung der electrischen Maschine eine ganz gleichmässige ist, d. h. in ihrer Geschwindigkeit nicht wechselnd. Jedes Schwanken dieser Geschwindigkeit macht sich durch ein Schwanken des Lichtes bemerkbar, und liegt bei electrischen Beleuchtungs-Anlagen die Ursache des unruhigen Lichtes oftmals nicht in den electrischen Apparaten sondern in Unregelmässigkeiten der die Lichtmaschine treibenden motorischen Kraft.

In Fabriken dagegen, in welchen eine grössere Betriebsmaschine vorhanden ist, kann man die Lichtmaschine meist von der allgemeinen Wellenleitung aus betreiben, wodurch sich die Anlagekosten erheblich verringern.

Der soeben besprochene Fall einer Verwendung der electrischen Beleuchtung für Schifffahrtszwecke ist ein solcher, in welchem das electrische Licht durch ein anderes Licht überhaupt nicht zu ersetzen ist. Daher ist auch ein Vergleich nicht statthaft. Es soll nun eine andere Benutzung des electrischen Lichtes besprochen werden, welche direct zu einem Vergleiche mit dem Gaslicht auffordert.

Die Kesselschmiede der Reiherstieg Schiffswerft in Hamburg wurde im verflossenen Winter mit electrischer Beleuchtung versehen. Die Schmiede ist 92 m lang, 30 m breit und im Mittel 13 m hoch. An der einen Längswand befinden sich Schmiedefeuer, an der anderen Wand Blechbearbeitungs-Maschinen, Stosswerke, Scheeren etc. Der ganze Mittelraum wird von in Arbeit befindlichen Kesseln eingenommen. Die in der Luft schwebende Mischung von Rauch und schwarzem Staub geben der Luft selbst eine dunkele Färbung. Einen sehr trübseligen Eindruck machte die im Gebrauch befindliche Art der Beleuchtung, bei welcher ein jeder Arbeiter sein Lämpchen erhielt, das er da anhing, wo er zur Zeit am meisten Licht gebrauchte. Hierbei war die Werkstätte selbst fast dunkel, und Jeder, der dieselbe am Abend durchschritt, musste die grösste Vorsicht gebrauchen. Unter diesen Umständen entschlossen sich die Besitzer zur Einführung des electrischen Lichtes.

Da die vorhandene Betriebsmaschine bereits vollständig in Anspruch genommen war, so wurde für den Betrieb der electrischen Maschinen eine besondere 8 pferdekr. Dampfmaschine angelegt, welche den nöthigen Dampf aus dem vorhandenen Kessel erhielt. Von der Dampfmaschine aus wird eine Vorgelegewelle getrieben, auf der sich 3 Riemenscheiben zum Betrieb der 3 dynamo-electrischen Maschinen befinden, von denen jede zur Erzeugung eines Lichtes von 1200 Einheiten dient. Dem entsprechend sind in der Schmiede 3 grosse Laternen in einer Höhe von 7 m, ziemlich gleichmässig vertheilt, angebracht.

In jeder Laterne befinden sich 2 Regulatoren und in der Nähe ein Umschalter, um nach dem Ausbrennen der einen die andere Lampe in Gang zu setzen. Von jeder Laterne führen als Leiter der Electricität 2 starke Kupferdrähte von 5 mm Durchmesser zu je einer Lichtmaschine. Diese Leitungsdrähte sind der ganzen Länge nach in Holzleisten eingelassen, um sie vor Verletzung zu schützen und die Ableitung des electrischen Stromes zu verhindern.

Der Effect der Einrichtung war ein ausserordentlich zufriedenstellender; den ganzen Raum erfüllte ein gleichmässiges Licht, bei welchem eine jede Arbeit erheblich leichter auszuführen war als vorher.

Stellt man hier eine Kostenrechnung auf, so ergeben sich folgende Zahlen:

Die Anlage kostete im Ganzen incl. Dampfmaschine und aller Nebenarbeiten. . . . M. 7000
Nehmen wir an, dass die Einrichtung jährlich während 500 Stunden in Benutzung ist und die Verzinsung und Amortisationsquote 10% betragen soll, so ergiebt dies für Verzinsung . . . . pro Stunde M. 1,40
Kohlen und Oel für die Dampfmaschine . . . . . . „ „ „ 0,60
Kohlenstäbe in den Regulatoren „ „ „ 0,60

Summa M. 2,60

Für Bedienung ist hier nichts zu rechnen, da der vorhandene Maschinist die Arbeit leicht nebenher leisten kann.

Es wäre sehr schwer, genau zu bestimmen, welche Anzahl von Gasflammen nothwendig ist, um denselben Effect zu erzielen. Jedenfalls greifen wir eher zu niedrig als zu hoch, wenn wir hierfür 100 Gasflammen annehmen, deren Kosten sich nach dortigen Preisen auf etwa M. 4,00 pro Stunde stellen würden.

Ist hiernach das electrische Licht in diesem Falle billiger als das Gaslicht, so hat das erstere noch einen wesentlichen Vorzug, dessen Betrachtung uns für einen Augenblick beschäftigen soll.

Um dem Arbeiter zu ermöglichen, das Licht dort anzubringen, wo er dasselbe gebraucht, verbindet man in Werkstätten den Gasbrenner durch einen Gummischlauch mit dem eisernen Gasrohr. Diese Schläuche geben Veranlassung zu vielem Gasverlust und sind auch dem Verbrennen sehr ausgesetzt. Hierzu kommt noch, dass für die 100 Gasbrenner mindestens 100 Gashähne erforderlich sind, welche einer Ueberwachung bedürfen. Das Offenlassen auch nur eines Hahnes kann unter Umständen grosses Unglück herbeiführen, so dass man in hohem Maasse auf die Gewissenhaftigkeit der Arbeiter angewiesen ist. In der That kann der Gasverlust, der theils durch Fehler in der Leitung, theils durch Nachlässigkeit entsteht, in derartigen Fällen auf mindestens 10 pCt. des Gasconsums veranschlagt werden. Der Consument — und dies bezieht sich nicht nur auf Werkstätten, sondern auch auf andere bewohnte Räume — bezahlt häufig erheblich mehr an Gas, als er verbrennt; hierzu kommt, das dies so entweichende Gas die Luft in den Räumen wesentlich verschlechtert. Haben ja doch oft die Gasanstalten selbst durch mangelhafte Beschaffenheit der Rohrleitung in den Strassen einen Verlust von 5—10 pCt. des von ihnen gelieferten Gases.

Es sei hier die Bemerkung gestattet, dass es für jeden Consumenten von Gas rathsam ist, sich von Zeit zu Zeit durch Beobachtung des Gasometers bei geöffnetem Haupthahn und abgeschlossenen Brennern von dem Zustand der Rohrleitung zu überzeugen.

Eine weitere Folge des entweichenden Gases sind die vielen Unglücksfälle, von denen uns die Zeitungen berichten. So ergiebt sich aus den statistischen Berichten, dass beispielsweise im Jahre 1877 in Berlin 34 Menschen durch Gas-Explosionen um's Leben gekommen sind.

Betrachten wir hiergegen die vorher besprochene electrische Beleuchtungs-Einrichtung, so sieht man, dass die der Gasbeleuchtung eigenthümlichen Uebelstände hier nicht vorhanden sind. Der Maschinist öffnet das Dampfventil, die electrischen Maschinen setzen sich in Bewegung und fast momentan ist der ganze Raum erleuchtet. Nach vollendeter Arbeit genügt ebenso das Zuschrauben desselben Ventils, um sofort den ganzen Apparat ausser Thätigkeit zu setzen. Freilich werden wir später sehen, dass dieser Vortheil auch einen Nachtheil im Gefolge hat; jedoch das Eine muss als ein wesentlicher Vorzug der electrischen Beleuchtung gelten, nämlich die fast vollständige Abwesenheit einer jeden Gefahr.

Wir haben uns bei dieser Einrichtung etwas länger aufgehalten, weil sie in der That Veranlassung zu interessanten Betrachtungen bietet, und gehen nun zu anderer Anwendung eines Lichtes von etwa 1200 Normalkerzen über.

In vielen Fällen kann dieses Licht als ein Ersatz des stärkeren Lichtes dienen, wenn die erforderliche Beleuchtung keinen sehr hohen Grad von Helligkeit zu erreichen braucht.

So z. B. wurde das ungefähr 10 Hektar grosse Terrain der Portland-Cementfabrik „Stern" bei Stettin durch 3 Regulatoren von je 1200 Normalkerzen Lichtstärke vollkommen genügend beleuchtet.

Die Laternen sind auf eigens hierzu erbauten hölzernen Thürmen von 20 m Höhe angebracht, und die Apparate sind während der ganzen Nacht in Thätigkeit, um dem Wächter die Controle zu ermöglichen.

In dieser Weise liessen sich eine ganze Anzahl von Fällen anführen, in welchen das in Rede stehende Licht mit Vortheil, namentlich in Fabriken, benutzt wird.

Hier soll nur noch eines Beispiels Erwähnung gethan werden, da es sich in diesem Falle um die Benutzung einer besonderen Eigenschaft des electrischen Lichtes handelt;

nämlich einer Beleuchtungsanlage in der Färberei des Herrn W. Spindler in Köpnick. Diese Fabrik stellt sich das für die Beleuchtung dienende Gas in einer eigenen Gasanstalt her; jedoch machte die geringe durchdringende Wirkung der Gasflammen in den mit Wasserdämpfen dicht erfüllten Färbesälen die Einrichtung einer besseren Beleuchtung wünschenswerth. Nachdem die nöthigen Erfahrungen im kleineren Maassstab in der in Berlin gelegenen Fabrik derselben Firma gemacht worden waren, wurde einer der grösseren Säle in Köpnick mit 3 Regulatoren von je 1200 Kerzen Lichtstärke versehen. Der Erfolg war ein sehr günstiger. Man hatte es jedoch hier nicht allein auf eine bessere Beleuchtung abgesehen, sondern wollte auch von der weissen Farbe des electrischen Lichtes in Bezug auf die Operation des Färbens selbst Nutzen ziehen. Für ein ungeübtes Auge erscheinen alle Farben bei Tageslicht und electrischer Beleuchtung vollkommen gleich, das geübte Auge eines Färbers weiss jedoch auch hier kleine Unterschiede zu finden; namentlich in Bezug auf die Nuancen von Blaugrau und Orange. Jedoch darf nicht vergessen werden, dass ein geübter Färber auch Unterschiede in den Farben bei Beleuchtung von directem Sonnenlicht und zerstreutem Tageslicht zu finden weiss. Die Veränderungen, welche die Farben bei electrischem Licht gegenüber der Beleuchtung durch zerstreutes Tageslicht erleiden, sind ähnlich denen, welche das directe Sonnenlicht bewirkt, nur treten diese Aenderungen in noch höherem Maasse in ersterem Falle hervor. Es bliebe noch übrig, zu untersuchen, welche Wirkungen das von der Decke und den Wänden reflectirte Licht, an Stelle der directen Lichtstrahlen, auf die Farben ausübt. Immerhin bot das electrische Licht einen wesentlichen Fortschritt gegen das die Farben sehr verändernde Gaslicht dar.

Diese hier erwähnte Eigenschaft des electrischen Lichtes macht dasselbe besonders geeignet für die Beleuchtung in Gemälde- und Blumen-Ausstellungen, wozu noch als ein sehr wesentliches Moment zu Gunsten des electrischen Lichtes hinzukommt, dass bei Anwendung dieser Beleuchtung auch die zerstörenden Gase in Wegfall kommen, welche bei der Anwendung von Gaslicht den Raum erfüllen und, wie bereits erwähnt, jede Gefahr vermieden wird.

Gegenwärtig wird in dem Lesesaal des British Museum, in welchem das Gaslicht der Explosionsgefahr wegen ausgeschlossen ist, eine electrische Beleuchtung durch Herrn William Siemens in London eingerichtet. Den Berichten nach verwendet derselbe hierbei 4 Regulatoren, deren jeder ein Licht von 4000 Einheiten enthält und welche demnach ungefähr 16 Pferdekraft zum Betriebe erfordern. Auf den Erfolg dieser Einrichtung darf man wohl gespannt sein.

Wenden wir uns nun zu dem schwächsten Lichte, welches gewöhnlich durch die Verbindung einer dynamo-electrischen Maschine mit einem Regulator hergestellt wird, nämlich ein Licht von etwa 600 Normalkerzen Stärke, so ergiebt sich von selbst, dass dasselbe für verhältnissmässig kleine Räume geeignet ist, aber auch in ausgedehnten Räumen passende Anwendung finden kann, wenn der Anspruch auf die zu erzielende Helligkeit kein allzugrosser ist.

Allgemein gültige Regeln lassen sich hierfür nicht aufstellen; es müssen alle Nebenumstände berücksichtigt werden und die Erfahrung muss bei derartigen Anlagen maassgebend sein.

Bei den Norddeutschen Eiswerken bei Berlin wurden im verflossenen Winter 6 Regulatoren von je 600 Kerzen Lichtstärke beim Einbringen des Eises in Anwendung gebracht, und zwar wurde je ein Regulator in jedem der 4 ausgedehnten Eisschuppen benutzt, und 2 Regulatoren bewirkten eine allgemeine Beleuchtung des umliegenden Terrains. Bei der starken Reflexion des Eises und der rohen Arbeit, welche dort verrichtet wurde, war diese Beleuchtung dem Zwecke vollkommen entsprechend.

Diese Beschreibungen der Anwendung des electrischen Lichtes in einzelnen Fällen mögen genügen, und verlassen wir nun dasjenige System der electrischen Beleuchtung, welches sich dadurch characterisirt hat, dass immer je eine Lichtmaschine mit einem Regulator in Verbindung gebracht war. —

Lange Zeit waren die Electriker vergeblich bemüht, die Schwierigkeiten zu überwinden, welche der Theilung des electrischen Lichtes entgegenstanden, d. h. in diesem Falle der Einschaltung mehrerer Regulatoren in ein und demselben Stromkreise. Man hat die Aufgabe umgangen, indem man Maschinen baute, aus denen sich mehrere Ströme ableiten liessen, doch jeder einzelne Strom diente immer nur dazu, Licht in einem Regulator zu erzeugen; eine solche Maschine war eine Zusammenstellung, die nur wenig Vortheilhaftes und manches Nachtheilige mit sich führte; eine Lösung der gestellten Aufgabe war es nicht. Unter diesen Umständen musste die Einführung der Jablochkoff'schen Kerzen, deren mehrere in einem Stromkreis eingeschaltet werden konnten, epochemachend sein.

Die Jablochkoff'sche Kerze gehört zu denjenigen Erfindungen, bei welchen die Idee ziemlich nahe lag, die Ausführung dagegen enorme Schwierigkeiten darbot. Zuvörderst waren es die beiden 4 Mm starken und etwa 220 Mm langen Kohlenstäbe, deren Herstellung eine vorgeschrittene technische Behandlung erforderte.

Man hat sich bis vor Kurzem ausschliesslich der Kohlenstäbe bedient, welche aus dem, an den Wänden der Gasretorten bleibenden, graphitartigen Rückstande hergestellt wurden. Man schnitt hieraus Stäbe von verschiedener Länge und mit einem Querschnitt in der Form eines Quadrats, dessen Seite 6—12 Mm lang ist. Diese Stäbe waren die Ursache vieler Störungen im electrischen Lichte, welche von Uneingeweihten den Apparaten zur Last gelegt wurden; sie enthalten Unreinlichkeiten, deren Verbrennung ein flackerndes Licht erzeugt, und haben oft die unangenehme Eigenschaft, in der Hitze zu zerspringen. Kohlenstäbe aus diesem Material waren für die Jablochkoff'schen Kerzen durchaus nicht zu verwenden. Abhülfe that hier dringend noth und wurde zuerst durch Herstellung künstlicher Kohlenstäbe — wie solche im Gegensatz zu den Retortenkohlen genannt worden sind — von einigen französischen Fabrikanten, Archereau, Gaudoin, sowie Carré geschaffen. In letzter Zeit hat sich auch eine deutsche Firma, Gebr. Siemens & Co., mit der Anfertigung solcher Kohlen beschäftigt und scheint namentlich durch die von ihr sogenannten Dochtkohlen, welche mit einer die Leitungsfähigkeit des Lichtbogens erhöhenden Substanz getränkt sind, sehr günstige Erfolge zu erzielen. Uebrigens sei hier bemerkt, dass das Tränken der Kohlen an sich nicht neu ist, sondern schon früher öfters zur Erhöhung der Leuchtkraft sowie zum Färben des Lichtes angewendet wurde.

War die Schwierigkeit in der Herstellung der Kohlenstäbe für die Jablochkoff'schen Kerzen beseitigt, so veranlasste die beste Form des Querschnitts der Kerze, und die Wahl der isolirenden Substanz zwischen den beiden Kohlenstäben, eine Reihe mühevoller Versuche, ehe ein günstiges Resultat erhalten werden konnte. Als aber dann die Société d'électricité générale, welche das Jablochkoff'sche Patent erworben hatte, durch die Beleuchtung der Avenue de l'Opéra zur Zeit der in Paris stattfindenden Weltausstellung an die Oeffentlichkeit trat, wurde das electrische Licht, dessen bis dahin fast nur in Fachjournalen Erwähnung gethan war, plötzlich zu einem Gegenstand des allgemeinen Tagesgesprächs. Mit Recht wurde der Glanz dieser Beleuchtung sehr bewundert, und grosse Hoffnungen knüpften sich an den Erfolg, den die Jablochkoff'schen Kerzen errungen hatten; aber der Glaube an die Bedeutung dieser Erfindung wurde sehr erschüttert, als man in nüchterner Weise die näheren Details kennen gelernt hatte. Für uns genügt es hier, eine derartige Einrichtung näher kennen zu lernen, um alle Fragen „Für und Wider" zur Erledigung zu bringen.

Wir wählen hierzu die erste Anwendung der Jablochkoff'schen Kerzen in Deutschland, welche im Geschäftslokal der Firma Julius Michaelis in Berlin stattfand.

Der zu erleuchtende Raum ist 22 m lang, 9 m breit und 4,30 m hoch; nach der Strasse hin befinden sich zu Seiten des Eingangs zwei grosse Schaufenster. Im Souterrain befindet sich der Maschinenraum, in welchem eine Gasmaschine von 6 Pferdekraft zum Betriebe der electrischen Maschinen aufgestellt ist. Die Lichtmaschine ist von der Construction, welche auf Seite 24 dargestellt ist, jedoch ist dieselbe entsprechend kleiner und nur mit 8 Spulen versehen. Von der Wechselstrommaschine wird der electrische Strom durch 2 Leitungsdrähte an fünf im Geschäftslokal befestigte Umschalter geführt, entsprechend den fünf Ampeln, welche zur Beleuchtung dienen. Diese letzteren sind derartig vertheilt, dass drei Ampeln für die Beleuchtung im Innern und zwei auf der Strasse, je eine vor einem Schaufenster, verwendet sind. Die Construction der Lampen selbst ist aus Fig. 13 (S. 58) ersichtlich. Man sieht hier nur eine Kerze, welche von einer metallenen Zunge gehalten wird, während drei andere Kerzen, die in derselben Weise angebracht sind, in der Zeichnung

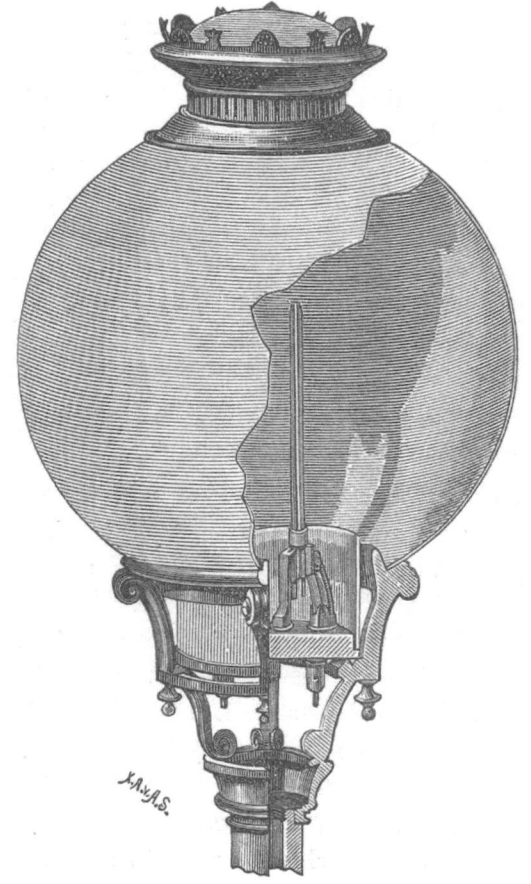

Fig. 13.

von der Glasglocke bedeckt werden. Für diese Glasglocke verwendet man meistentheils Milchglas, um zu verhüten, dass der Lichtpunkt selber sichtbar ist, verliert jedoch hierdurch ungefähr die Hälfte des Lichteffectes. Da jede Kerze nur etwa $1\frac{1}{2}$ Stunden brennt, — in jüngster Zeit soll die Brennzeit der Kerzen auf 2 Stunden erhöht worden sein — so muss Fürsorge getroffen werden, dass nach Ablauf dieser Zeit der Strom in eine andere Kerze geleitet wird. Dies wird durch den Umschalter, welcher in der Nähe jeder Lampe befestigt ist, bewirkt. Derselbe besteht aus einer runden Holzplatte, auf der 4 Metallplatten derartig angebracht sind, dass eine drehbare Metall-Kurbel je nach ihrer Stellung eine dieser Platten schleifend berührt. Je eine Metallplatte ist mit einer der vier Kerzen, welche sich in einer Lampe befinden, durch einen Draht in leitende Verbindung gebracht, während eine gemeinsame Rückleitung von allen vier Kerzen an den Umschalter zurückführt. Hieraus ist es klar, dass man durch Stellung der Kurbel jede beliebige Kerze in die Leitung einschalten kann, was jedoch nicht selbstthätig geschieht, sondern von der Bedienung besorgt werden muss.

Die Kosten dieser Einrichtung stellen sich wie folgt:

Gaskraftmaschine von Langen & Otto von 6 Pferdekraft incl. Nebenunkosten	M. 4500
Wechselstrommaschine (Siemens & Halske) mit dynamo-electrischer Maschine	„ 2100
Leitungsdrähte etc.	„ 200
5 Ampeln incl. der Umschalter	„ 1500
Aufstellung	„ 300
Diverse	„ 500
Summa	M. 9100

Die Kosten der Unterhaltung berechnen sich folgendermaassen:

Nehmen wir an, dass die Beleuchtung jährlich während 1200 Stunden in Benutzung ist und mit 10 pCt. verzinst und amortisirt wird, so stellt sich die Verzinsung der Anlage

pro Stunde Brennzeit auf	M. 0,76
Gasverbrauch pro Stunde	„ 0,70
Schmieröl und Kühlwasser	„ 0,26
Verbrauch an Kerzen pro Stunde	„ 1,65

Es beträgt der Preis der Kerzen gegenwärtig M. 0,50 pro Stück.

Bedienung pro Stunde	„ 0,50
Summa . .	M. 3,87

Im Falle beim Umbau des Geschäftslocals die electrische Beleuchtung nicht in Anwendung gekommen wäre, würden statt dessen etwa 86 Gasflammen angebracht worden sein, welche pro Stunde auf etwa M. 2,30 zu berechnen sind.

Man sieht, dass das electrische Licht hier schon erheblich theurer ist als das Gaslicht sein würde. Der Vergleich fällt noch ungünstiger für die electrische Beleuchtung aus, wenn es sich um Anwendung für Strassenbeleuchtung handelt, wozu übrigens das electrische Licht in seiner jetzigen Form nur wenig geeignet ist.

Jedoch die electrische Beleuchtung hat in diesem Falle eine wesentliche Verbesserung gegenüber der früheren Gasbeleuchtung im Gefolge gehabt. Während man vordem genöthigt war, an kalten Winterabenden die Thüren des Geschäftslocals zu öffnen, um die heisse und und dunstvolle Luft, welche als Folge der vielen brennenden Gasflammen entstand, durch frische Luft zu ersetzen, und so die im Locale befindlichen Personen einem unangenehmen Zuge ausgesetzt waren, hat im verflossenen Winter bei Anwendung des electrischen Lichtes die Temperatur der Luft niemals ein bestimmtes Maass überschritten, und der Aufenthalt im Geschäftslocal war immer ein angenehmer. Hierzu kam die sehr bemerkbare Reinheit der Luft, und zu Gunsten der hierdurch geförderten Gesundheit konnte man sich einen etwas erhöhten Preis in der Beleuchtung wohl gefallen lassen. — Wir haben so Mancherlei zu Gunsten der electrischen Beleuchtung hier erwähnt und fürchten den Vorwurf eines parteiischen Berichterstatters zu verdienen, wenn wir nicht jetzt einmal das Blatt wenden und auch derjenigen Eigenschaften des electrischen Lichtes Erwähnung thun, welche als Nachtheile gegenüber dem Gaslicht zu betrachten sind. Wir schweifen hierbei etwas ab und wenden uns zuerst zu den Nachtheilen des electrischen Lichtes im Allgemeinen, um sodann auch die Jablochkoff'schen Kerzen einer Kritik in dieser Hinsicht zu unterziehen.

Uns Stadtbewohnern wird das Gas fertig ins Haus geliefert, wir öffnen den Hahn, halten ein brennendes Streichholz an die Mündung des Rohres und unsere Arbeiten, um ein Licht zu erhalten, sind beendigt. Wir schliessen den Hahn, und das Licht ist erloschen. Das ist ausserordentlich bequem, ja, man möchte sagen, verführerisch bequem.

Ganz anders beim electrischen Licht; der Strom, den wir zur Erzeugung desselben gebrauchen, muss von uns selber hergestellt werden, da sich vorläufig noch keine Gesellschaft mit der Lieferung eines electrischen Stromes befasst.

Wir bedürfen hierzu, namentlich da, wo Triebkraft nicht vorhanden ist, eines ziemlich kostspieligen Apparates, der immerhin eine etwas aufmerksame Behandlung verlangt. Hieraus entspringt ein zweiter Nachtheil der electrischen Beleuchtung. Steht nämlich, durch irgend einen Umstand veranlasst, unsere Triebmaschine still, so sitzen wir im Dunkeln. Nun ist es zwar auch bei Städten, die mit Gaslicht versehen sind, vorgekommen, dass die Strassen im Dunkeln bleiben; jedoch ist dies nur ein höchst seltener Fall.

Bei weiterer Betrachtung zeigt sich, dass das Gaslicht

ein viel grösseres Feld der Anwendung hat, als das electrische Licht; denn das schwächste Licht der letzteren Art hat, soweit wir dieselbe bisher in Betracht gezogen haben, immer noch eine Leuchtkraft von etwa 400 Normalkerzen, während das Licht einer gewöhnlichen Gasflamme in Wohnräumen auf 8—10 Normalkerzen geschätzt werden kann. Durch die beliebige Vermehrung in der Anzahl der Gasflammen können wir daher kleine und grosse Räume mit jeder gewünschten Helligkeit versehen, während das electrische Licht bisher nur in grösseren Räumen Anspruch auf Anwendbarkeit machen darf. Die Versuche, mit Hülfe der Electricität schwache Lichtquellen zu erzeugen, welche wir noch später erwähnen werden, haben bisher noch kein praktisch anwendbares Resultat ergeben. Hierzu kommt noch, dass man durch Stellen der Hähne die Intensität einer Gasflamme von der Maximalstärke an beliebig bis auf ein geringes Maass herabsetzen kann. Dahingegen gestattet das electrische Licht eine derartige einfache Regulirung in der Helligkeit der Flammen nicht, ja bei denjenigen Systemen, bei welchen mehrere Flammen in einem Stromkreis eingeschaltet sind, ist es nicht einmal statthaft, auf die Dauer eine oder die andere dieser Flammen erlöschen zu lassen, sondern sie müssen alle gleichzeitig brennen. Der Grund hierfür ist leicht zu begreifen, wenn man einmal den Zusammenhang zwischen einer dynamoelectrischen Maschine und dem mit ihr verbundenen Regulator etwas näher betrachtet.

Die durch die Umdrehungen der Maschine erregten electrischen Kräfte oder, wie man sich ausdrücken pflegt, die electro-motorische Kraft der Maschine und der Widerstand, welcher in der ganzen Leitung vorhanden ist, geben das Maass für die Stärke des erzeugten Stromes, welcher in dem Grade wächst, als der Widerstand abnimmt. Nun bildet bei der hier betrachteten Zusammenstellung der Lichtbogen selbst den grössten Theil des Widerstandes in der Leitung. Bleiben durch eine Störung in der Funktion des Regulators die beiden Kohlenstangen auf einander, so dass der Lichtbogen nicht entstehen kann, so ist eine bedeutende Verringerung des Widerstandes und damit eine Erhöhung der Stromstärke die Folge. Wir wissen jedoch, dass der Strom selber Wärme in der Leitung erzeugt, und zwar steigt diese Wärme im quadratischen Verhältniss zur Stromstärke. Unter den hier betrachteten Umständen kam es daher vor, dass die gesteigerte Wärme in demjenigen Theile des Leitungsdrahtes, welcher in der Maschine selbst enthalten ist, ein Verkohlen der die Isolation bildenden seidenen oder baumwollenen Umspinnung der Drähte bewirkt hat. Dieser Uebelstand kam bei den mangelhaften Apparaten der früheren Zeit öfter vor, in letzter Zeit nur selten und nur dann, wenn nachweislich eine grobe Vernachlässigung in der Behandlung der Apparate vorlag.

Dasselbe kann eintreten, wenn von mehreren Lampen, welche sich in einem Stromkreise befinden, die eine erlischt. Auch hier verringert sich der Widerstand, und entsteht in Folge dessen eine erhöhte Erwärmung in der Maschine. Man hat vorgeschlagen, an Stelle der erloschenen Lampe einen anderen gleichwerthigen Widerstand in die Leitung einzuschalten; jedoch ist dieser Vorschlag bisher nur wenig zur Ausführung gelangt.[1])

---

[1]) Es könnte dem jedoch auch abgeholfen werden, wenn man einen selbstthätigen Mechanismus einführt, durch den, entsprechend der Zunahme der Stromstärke, Windungen an den Electromagneten der Maschine ausgeschaltet werden, so dass sich die electro-motorische Kraft gleichmässig mit dem Widerstande verringert. Auf demselben, durch bekannte Hülfsmittel leicht erreichbaren, Wege lässt sich bewirken, dass bei wechselndem Widerstande die Stromstärke ziemlich constant erhalten bleibt.

So haben wir nun eine Reihe von Nachtheilen der electrischen Beleuchtung aufgeführt, die theilweise durch eine mehr fortgeschrittene Technik zu überwinden oder jedenfalls zu mildern sind. Wir kehren zu den Kerzen zurück. Die beiden Kohlenstäbe der Jablochkoff'schen Kerze sind oben durch ein dünnes Kohlenband verbunden, welches anfänglich die leitende Verbindung zwischen beiden Kohlenstäben bildet, jedoch bei genügender Stärke des Stromes verbrennt, so dass alsdann der Lichtbogen selber diesen Theil der Leitung repräsentirt. Erlischt jetzt aber das Licht aus irgend einer Ursache, so ist der Strom an den Spitzen der Kohlenstäbe, an welchen jedes leitende Band nun fehlt, unterbrochen, und es bleibt nichts übrig, als vermittelst des Umschalters eine neue Reihe von Kerzen in die Leitung einzuschliessen. Ganz anders beim Regulator, bei welchem nach einem etwaigen Erlöschen die Kohlenstäbe wieder zusammenfallen, und so die Leitung in keiner Weise unterbrochen wird. Das Versagen der Kerzen kam aus verschiedenen Gründen anfänglich sehr häufig vor, und hat die hierdurch veranlasste Störung sehr viel dazu beigetragen, dass die Jablochkoff'sche Erfindung in der Gunst des Publikums gesunken ist. Hierzu kam ein oftmaliges Flackern des Lichtes, dessen Ursache entweder in der zu geringen Stromstärke, im unregelmässigen Gange der Maschine oder in der Beschaffenheit der Kerzen lag.

Schliesslich hat auch der hohe Preis der Kerzen die Einführung derselben erschwert. Anfänglich für M. 0,70 pro Stück verkauft, ist der Preis später auf M. 0,50 heruntergegangen und muss bei dem geringen Materialwerth, welcher in den Kerzen liegt, als noch zu hoch betrachtet werden.

Wir haben unserer Pflicht, hier auch die Mängel der

electrischen Beleuchtung zu erwähnen, Genüge gethan und kehren zu der Betrachtung der Kerzenbeleuchtung zurück.

Der glänzende Eindruck, den die Beleuchtung im Geschäftslokal von Julius Michaelis machte, erregte ein allgemeines Interesse für die Sache in ganz Deutschland. Wenige Tage nach Vollendung dieser Einrichtung wurde auch von der Firma W. Spindler die Kerzenbeleuchtung für einen, in der Wallstrasse gelegenen, Laden eingeführt. Nach kurzer Zeit liess der, die Fortschritte der Technik jeder Zeit fördernde, General-Postmeister Stephan einen Saal der Hauptpost von Berlin mit einer Beleuchtung durch Jablochkoff'sche Kerzen versehen. In diesem Falle hat die zu knapp bemessene Triebkraft Anfangs zu vielen Störungen Veranlassung gegeben. Einige Industrielle folgten nach, jedoch hat im Allgemeinen die Kerzenbeleuchtung in Deutschland nur wenige Erfolge zu verzeichnen gehabt.

In Paris selbst, wo von der Société d'électricité die Avenue de l'Opéra und die angrenzenden Plätze mit 54 Lampen sehr hell beleuchtet wurden, wofür die Gesellschaft von der Stadt eine die Kosten wohl schwerlich deckende Zahlung erhielt, ist diese Beleuchtung noch in einigen grösseren Lokalen, wie im Hôtel du Louvre, Théâtre du Châtelet, Hippodrome und anderen zur Anwendung gekommen.

Die Engländer begnügten sich nicht mit den Berichten, welche die von ihnen gesandten Ingenieure über die Strassenbeleuchtung in Paris nach Hause brachten, sondern zogen es vor, selbst Versuche in grossem Maassstabe anzustellen. Der Viaduct von Holborn, Billingsgate Market und ein Theil der Anlagen an den Ufern der Themse wurden nach dem Jablochkoff'schen System mit electrischem Licht versehen. Auf dem letzteren Terrain ist nach den neuesten Nachrichten die Anzahl der Lampen von 20 bis auf 60 gestiegen, wodurch sich eine erhebliche Reduction im Kostenpreis der einzelnen Lampe herausgestellt haben soll.

Ueber diese Strassenbeleuchtungen sind von verschiedenen Seiten Kosten-Rechnungen aufgestellt worden. Der eine vergleicht das electrische Licht mit der Anzahl der Gasflammen, welche zusammen denselben Lichteffect geben, der andere mit der Anzahl der Flammen, welche vordem an derselben Stelle benutzt worden sind, an welcher jetzt das electrische Licht angewendet wurde. So finden wir denn verschiedene Rechnungen, laut welchen das electrische Licht von zwei Mal bis sieben Mal so theuer ist als das Gaslicht.

Wir gehen hier auf diese Rechnungen nicht ein, denn wir halten die Verwendung des electrischen Lichtes zur Strassenbeleuchtung nicht für die glücklichste Anwendung, welche man gegenwärtig von demselben machen konnte. Grade die guten Eigenschaften des electrischen Lichtes, die Gefahrlosigkeit, die geringe Erwärmung und die Reinheit der Luft, welche als Vorzüge beim Vergleich mit dem Gaslicht erscheinen, kommen bei der Strassenbeleuchtung nicht zur Geltung; dahingegen tritt die üble Seite der electrischen Beleuchtung, nämlich die hin und wieder noch vorkommenden Störungen, hier als eine ganz besondere Unannehmlichkeit in den Vordergrund.

Die Jablochkoff'sche Kerze hat in ihrer Einfachheit einen so erheblichen Vorzug gegenüber den Regulatoren, dass wir gern die Hoffnung aussprechen, es werde dem Erfinder mit der Zeit gelingen, die Nachtheile der Kerzenbeleuchtung zu beseitigen. —

Die fortlaufenden Bestrebungen, mehrere Regulatoren in einem Stromkreis vereinigen zu können, haben in letzter Zeit auch zu einem glücklichen Erfolge geführt, und zwar gebührt Lontin das Verdienst, in dieser Sache zuerst Erfolge erzielt zu haben. Lontin, der sich mit mehreren Verbesserungen an den Regulatoren beschäftigte, kam auf die glückliche Idee, den Hauptstrom vor seinem Eintritt in den Regulator in der Weise zu theilen, dass ein Theil durch die Kohlenstäbe, ein anderer Theil durch eine aus vielen Windungen bestehende Spirale von dünnem Drahte hindurchgeht, welche dem Strome einen bedeutenden Widerstand entgegensetzt. Nach einem bekannten Gesetze zerlegt sich der Strom in solchen Verzweigungen im umgekehrten Verhältniss zum Widerstand in jeder Zweigleitung. Da nun hier die Kohlenstäbe und der Lichtbogen einen verhältnissmässig geringen Widerstand bieten, so geht der Haupttheil des Stromes durch diesen Weg. Sobald aber die Kohlenstäbe etwas zu weit auseinander gehen, und dadurch der Widerstand des Lichtbogens gross wird, verstärkt sich der durch die erwähnte Spirale hindurch gehende Theilstrom. Die Art und Weise, wie dieser Umstand zur Regulirung der Lampe benutzt wird, mag aus der Beschreibung, welche der Erfinder selber hiervon giebt, ersichtlich werden.

„In dem Apparate befindet sich eine Spirale, welche aus vielen Windungen eines sehr langen und dünnen Drahtes besteht und daher dem Durchgang des Stromes einen grossen Widerstand entgegensetzt. In dieser Spirale befindet sich ein eiserner Kern, welcher im Ruhezustande bestrebt ist, den Mechanismus zu sperren, der das Zusammenfallen der Kohlen bewirkt. Wenn die Kohlenstäbe sich in der richtigen Entfernung von einander befinden, um ein gutes Licht herzustellen, so geht, in Folge des Widerstandes, den die Spirale bietet, fast der ganze Strom durch die Kohlenstäbe. Sobald aber die Entfernung der Kohlenstäbe von einander grösser wird, geht ein kleiner Theil des Stromes durch die Spirale und setzt diese in Thätigkeit; in diesem Falle wird der bewegliche Eisenstab angezogen, und der Mechanismus, welcher nun nicht mehr gehemmt ist, bewirkt ein Annähern der Kohlenstäbe, bis die richtige Länge des Lichtbogens hergestellt ist. In diesem Momente hört die Spirale zu wirken auf und der Eisenstab arretirt den Mechanismus; da der Mechanismus nur das Annähern der Kohlenstäbe zu bewirken hat, so ist derselbe von grosser Einfachheit."

Diese Einrichtung, welche zuerst an einem Regulator von Serrin angebracht wurde, hat den wesentlichen Nutzen, dass man mit Hülfe derselben im Stande ist, mehrere Regulatoren in einem Stromkreise einzuschalten, da die Schwankungen des einen Regulators den Gang des anderen, innerhalb gewisser Grenzen, nicht beeinflussen. Das System Lontin ist auf einigen Pariser Bahnhöfen mit anscheinend günstigem Erfolge in Anwendung gekommen.

Aus den spärlichen Nachrichten, welche über diese Aufstellungen vorliegen, geht hervor, dass zur Erzeugung des electrischen Stromes Maschinen von Lontin verwendet worden sind, von denen mehrere Ströme abgeleitet wurden, während in jedem einzelnen Stromkreis theils zwei, theils vier Lampen eingeschaltet waren. Die Lichtstärke dieser Lampen wird auf 500 Einheiten abgeschätzt, und die Kosten pro Licht und Stunde auf M. 0,50 angegeben.

In letzter Zeit sind Siemens & Halske in ähnlicher Weise vorgegangen und scheinen sehr günstige Resultate zu erzielen. Jedoch auch hier entzieht sich die Besprechung der Details vorläufig noch der Oeffentlichkeit. —

Wir haben nun einzelne Fälle der Anwendung des electrischen Lichtes besprochen, um bei Gelegenheit gewisse Eigenthümlichkeiten der electrischen Beleuchtung besonders hervorzuheben und so ein Bild von der Anwendbarkeit derselben zu geben. Vielerlei könnte noch hinzugefügt werden;

jedoch das Gesagte genügt wohl als Beweis für die Anfangs aufgestellte Behauptung, dass das electrische Licht einen berechtigten Platz unter den Beleuchtungsmitteln einnimmt, und dass es in vielen Fällen nach jeder Richtung hin erfolgreich angewendet werden kann.

III.
Neuere Methoden der Lichterzeugung.

Wir haben in der Einleitung bereits erwähnt, dass das electrische Kohlenlicht in der Form, in welcher wir dasselbe bisher betrachtet haben, nicht die einzige Gattung von Licht ist, welche sich mit Hülfe der Electricität herstellen lässt; es ist auch bereits eine andere Art von electrischer Beleuchtung mit wenigen Worten angedeutet worden. Bisher jedoch hat man nur von dem Lichtbogen, welcher zwischen zwei Kohlenstäben in der von uns beschriebenen Weise entsteht, mit günstigem Erfolge Anwendungen in der Praxis machen können, während alle anderen Systeme sich noch immer im Versuchsstadium befinden.

Um jedoch ein möglichst vollständiges Bild von der gegenwärtigen Lage der electrischen Beleuchtung zu geben, sollen auch andere Methoden der Lichterzeugung und namentlich die neueren Bestrebungen nach dieser Richtung hin hier eine kurze Erwähnung finden. —

Lässt man die beiden Kohlenstäbe in einem Regulator mit einander in Berührung und leitet einen electrischen Strom hindurch, so fangen beide Kohlenstäbe an der Berührungsstelle zu glühen und zu leuchten an. Etwas anderer Art wird die Erscheinung, wenn man an Stelle des einen Stabes ein dickes Stück Kohle und an Stelle des anderen Stabes ein dünnes Kohlenstäbchen setzt, welches das soeben erwähnte Stück Kohle berührt. Alsdann concentrirt sich alles Licht an der Spitze des dünnen Kohlenstäbchens, von der ein funkelndes Licht ausgestrahlt wird. Diese Erscheinung ist bei verschiedenen Constructionen von Lampen zu Grunde gelegt worden.

Fig. 14 (S. 72) zeigt die von Werdermann in London construirte Lampe.

Man sieht oben die Kohlenplatte, deren Querschnitt 64 mal so gross ist als der Querschnitt des darunter befindlichen dünnen Kohlenstabes, welcher durch ein, in dem langen cylindrischen Rohr sich bewegendes, Gewicht vermittelst Anwendung von Schnurrollen nach oben gedrückt wird.

Wenn nun auch das Licht nur von der Spitze des dünnen Kohlenstabes ausgestrahlt wird, so findet doch eine Abnutzung der oberen Platte gleichfalls statt, und der Kohlenstab arbeitet sich in diese hinein; daher muss nach einiger Zeit ein anderer Berührungspunkt hergestellt werden.

Um dies durch die Lampe selbstthätig zu bewirken, benutzt Reynier in der in Fig. 15 (S. 72) dargestellten Construction anstatt der festen Platten eine drehbare Kohlenscheibe. Der etwas excentrisch aufliegende dünne Kohlenstab bewirkt durch sein Gewicht eine seiner Abnutzung entsprechende Drehung der Scheibe, wodurch eine fortdauernde Erneuerung der Berührungspunkte hergestellt wird. Eine ganz ähnliche Construction wurde fast gleichzeitig von Marcus in Wien veröffentlicht.

Die Resultate, welche mit diesen Contactlampen bisher erhalten sind, können nicht als zufriedenstellende betrachtet werden. Dieselben arbeiten meist nur kurze Zeit ohne Störung und haben auch in Bezug auf Oeconomie keine besonders günstigen Zahlen aufzuweisen. Ein Vortheil ist es jedoch, dass man bei genügender Stromstärke eine grosse

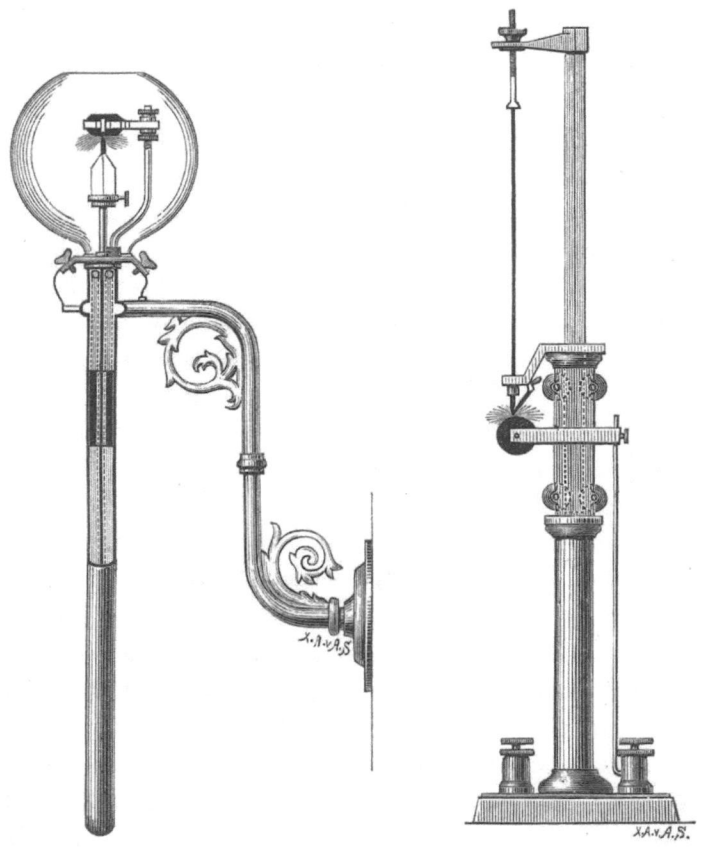

Fig. 14.   Fig. 15.

Zahl dieser Lampen in einem Stromkreise einschalten kann, deren Lichtstärke meist auf 50 bis 100 Kerzen angegeben wird.

Bei vor Kurzem in Paris angestellten Versuchen wurden 5 Lampen in einem Stromkreis eingeschaltet, wobei das Licht jeder Lampe auf 120 Einheiten gemessen wurde, so dass die gesammte Lichtmenge 600 Einheiten betrug. Wurden dagegen 10 Lampen verwendet, so betrug das Licht jeder Lampe 40 Einheiten und das Gesammtresultat daher gleich 400 Einheiten. Die zum Betriebe nöthige motorische Kraft ist hierbei nicht angegeben, war aber allem Anscheine nach jedenfalls nicht unter $2\frac{1}{2}$ Pferdekraft.

Wir haben bisher immer zwei Kohlenstücke zur Erzeugung des electrischen Lichtes als vorhanden angenommen, es ist die Verwendung von zwei Stücken jedoch nicht unbedingt nothwendig. Wird in eine Leitung, welche dem Strome einen geringen Widerstand entgegensetzt, ein sehr feines Kohlenstäbchen eingeschaltet, so muss in Folge des hohen Leitungswiderstandes desselben und der hierdurch eintretenden starken Erwärmung ein Leuchten des Kohlenstäbchen die Folge sein. Diese Thatsache ist ebenfalls zur Construction von Lampen benutzt worden, in Bezug auf welche die leidige Prioritätsfrage öfters aufgeworfen worden ist. Man sollte diese Frage in die Verdienstfrage — hier im wissenschaftlichen Sinne gemeint — umwandeln, bei deren Beantwortung nicht ein Name, sondern mehrere genannt werden können. Hier soll in diesem Falle, wie wir es in allen vorangegangenen gethan haben, die Prioritätsfrage ganz unerörtert bleiben und nur erwähnt werden, dass der Engländer King im Jahre 1845 und der Russe Lodyguine 1873 derartige Lampen construirt haben, an denen später von Anderen mehrfache Verbesserungen gemacht wurden. Der Nachtheil all dieser Lampen besteht in dem Umstand, dass die dünnen Kohlenstäbchen nur eine sehr kurze Dauer haben und bald an den schwächsten Stellen zerbrechen. Es rührt dies natürlich hauptsächlich daher, dass die Kohlenstäbchen an der Luft sehr rasch verbrennen.

Um diesem Uebelstande abzuhelfen, hat man die Kohlenstäbe mit luftdichten Glasglocken umgeben und letztere mit Gasen gefüllt, welche die Verbrennung verhindern. Aber es scheint, dass der electrische Strom bewirkt, dass von dem, in Weissgluth befindlichen Kohlenstäbchen kleine Theile fortgeschleudert werden, und so auch hier eine ziemlich rasche Abnutzung stattfindet. Jedenfalls klingen die bisherigen Resultate noch nicht sehr ermuthigend. — An Stelle des Kohlenstäbchens kann natürlich jeder andere Körper treten, welcher im Stande ist ohne chemische Veränderung einen hohen Hitzegrad zu ertragen und in einer Form in die Leitung eingeschaltet wird, in welcher er dem Durchgang des Stromes einen entsprechenden Widerstand entgegensetzt. Hierzu gehören namentlich dünne Metalldrähte, und unter diesen eignet sich insbesondere ein dünner Platindraht für diesen Zweck.

Wir gelangen so an diejenige Art der electrischen Beleuchtung, welche man speciell mit dem Namen Edison in Verbindung gesetzt hat, obwohl das System selbst schon früher bekannt war, ehe noch Edison sich mit dieser Sache beschäftigt hat, und die bisher von diesem Erfinder bekannt gemachten Constructionen noch bei Weitem nicht die Bezeichnung eines Erfolges verdienen.

Es ist eine bekannte Thatsache, dass alle festen Körper bei einer Erwärmung von etwa $1000\,°$ zu glühen anfangen, und zwar mit röthlichem Lichte. Bei der Steigerung der Temperatur ändert sich die Farbe und erhöht sich die Lichtmenge; bei $1300\,°$ wird das Licht gelb, bei $1500\,°$ blau, bei etwa $2000\,°$ werden alle Farben des Spectrums erzeugt, und man erhält ein weisses Licht. Wenige Körper jedoch vertragen diesen Hitzegrad ohne zu verbrennen, es gehören hierzu Platin, Iridium und Osmium.

Geht man in der Erwärmung noch weiter, so wächst die ausgestrahlte Lichtmenge in hohem Maasse. So soll das Platin bei 2600° ein Licht entwickeln, welches 40mal so stark ist, als bei einer Temperatur von 1900°. Aber gerade bei den hohen Temperaturen, deren Anwendung vortheilhaft ist, läuft man auch Gefahr, das Platin zu verbrennen.

Die Art und Weise, wie Edison dieser Gefahr vorbeugen will, ist aus Zeichnung Fig. 16 (S. 76) ersichtlich.

Auf einem hohlen Ständer befindet sich ein länglicher Kasten, in welchem der Regulirhebel s um die Axe o drehbar gelagert ist. Dieser Hebel wird durch die Stange X gehalten; sobald jedoch letztere sich durch starke Erwärmung ausdehnt, legt sich der Hebel s auf die Schraube r und kommt so in leitende Verbindung mit dem Metallstück i. Oberhalb des Kastens ist ein Glascylinder aufgestellt, in dessen Mitte sich die leuchtende Platinspirale a befindet.

Der Strom geht von der Klemme h durch den Draht p in den Hebel s, durch die Stange X und den Deckel des Glascylinders in den Draht m; sodann an die im Glascylinder unten rechts befindliche Klemme, in die Platinspirale, an die links befindliche Klemme, von hier an das Metallstück i und durch den Draht n an die Klemme k. Sobald aber in Folge der zu starken Erwärmung durch den Strom selbst und durch die Ausstrahlung der Platinspirale der Stab X sich um ein bestimmtes Maass verlängert hat, legt sich der Hebel s auf die Schraube r und bietet so dem Strome einen directen Weg von p durch s und i in n mit sehr geringem Widerstande.

Die Spirale, welche nun fast stromlos ist, nimmt in ihrer

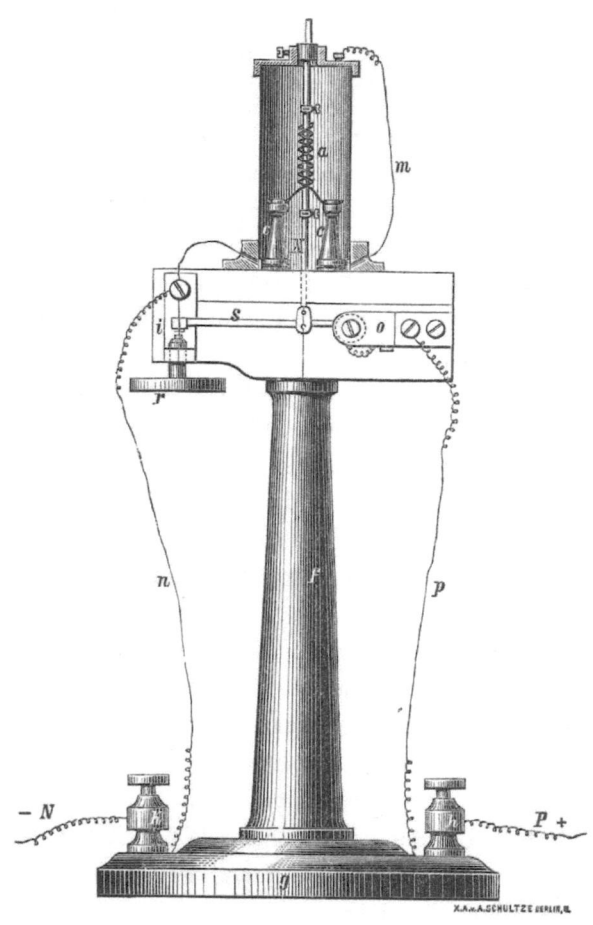

Fig. 16.

Erwärmung ab, der Stab X zieht sich zusammen, und das Spiel beginnt von Neuem.

Der Apparat mag in einem Laboratorium recht gut functioniren; Erfahrungen über seine Verwendung in der Praxis liegen nicht vor.

Es zeigt sich übrigens hier eine Schwierigkeit, an welche man früher wenig gedacht hatte. Man nahm im Allgemeinen an, dass das Platin sich in der Hitze nicht verändert; jedoch Edison fand bei seinen Untersuchungen, dass die Oberfläche des Platindrahtes mit der Zeit voll kleiner Risse wird, und scheint alsdann das Platin der Hitze weniger Widerstand leisten zu können. Den Grund der Entstehung dieser Risse sieht Edison in der grossen Luftmenge, welche das Platin gewöhnlich enthält. Um nun die Luft auszutreiben, schlägt er folgenden Weg ein. Innerhalb der Glasglocke einer Luftpumpe wird der Draht durch einen electrischen Strom erwärmt und alsdann die Luft ausgepumpt; dieser Process wird mehreremals wiederholt. Edison behauptet, dass alsdann das Platin eine grössere Dichte erhält und einem viel höheren Hitzegrade auf die Dauer widersteht. Man sollte jedoch annehmen, dass die Luft mit der Zeit vom Metall wieder aufgesaugt wird.

Mit derartig präparirten Drähten will Edison neuerdings das folgende Resultat erhalten haben.

Es wurden 8 Spiralen in einem Stromkreis eingeschlossen, von denen eine jede ein Licht von 13 Einheiten erzeugte, so dass die gesammte Lichtmenge 104 Einheiten betrug. Zum Betriebe war eine Pferdekraft erforderlich.

Es ist diesem unermüdlichen Erfinder sicherlich zu wünschen, dass seine interessanten Versuche zu einem günstigen Resultate führen werden. —

Wir gelangen zum Schluss.

Wir haben das electrische Licht in der Form des sogenannten Volta'schen Lichtbogens, welcher zum ersten Male von dem Engländer Davy im Jahre 1813 dargestellt wurde, in ausführlicher Weise besprochen. Es characterisirte sich diese Form in constructiver Hinsicht dadurch, dass das Licht hauptsächlich von den gegenüber liegenden Enden zweier Kohlenstäbe ausgestrahlt wird. Nicht der zwischen beiden Kohlenstäben liegende Lichtbogen ist die Hauptquelle des Lichtes, wie dies in manchen Lehrbüchern fälschlich dargestellt wird. In Bezug auf den Effect zeigte sich, dass diese Construction namentlich zur Erzeugung sehr intensiver Lichtquellen geeignet ist. Mit einem Arbeitsaufwand von 4 Pferdekräften erhielten wir einen Lichteffect von 4000 Einheiten oder pro Pferdekraft ein Licht von 1000 Normalkerzen. Wir haben sodann als einer besonderen Form zur Darstellung des Lichtbogens der Jablochkoff'schen Kerze ausführlich gedacht und gefunden, dass dieselbe etwa 1 Pferdekraft zum Betrieb beansprucht und dabei ein Licht von ungefähr 400 Einheiten erzeugt.

Die Darstellung des electrischen Lichtes durch den Lichtbogen hatte allein Anspruch darauf, ausführlich besprochen zu werden, denn sie ist es allein, von der bisher erfolgreiche Anwendung in der Praxis gemacht worden ist. Wir haben schliesslich auch die Methoden zur Erzeugung von schwachen Lichtquellen, welche dazu dienen sollen, das Gaslicht zu verdrängen, kurz berührt. Es zeigte sich, dass in den Contactlampen, in denen ein dünner Kohlenstab mit einem dicken Stück Kohle in Berührung gebracht wurde, durch den Verbrauch von einer Pferdekraft ein Licht von etwa 200 Einheiten hervorgebracht wurde, vorausgesetzt, dass die früher angegebenen Zahlen als annähernd richtig zu betrachten sind; während Edison in seinen Lampen, in welchen ein glühender Platindraht die Quelle des Lichtes darstellt, bei dem Verbrauch derselben Kraft ein Gesammtlicht von 104 Einheiten hervorruft. Je mehr wir uns also denjenigen Systemen nähern, die eine Vertheilung des Gesammtlichtes in viele schwache Lichtquellen zulassen, um so ungünstiger wird das Verhältniss zwischen der erforderlichen Kraft und dem hervorgerufenen Lichte. Hierzu kommt noch, dass auch der Kohlenaufwand für die Kohlenstäbe bei dem schwachen Lichte im Verhältniss zur erzeugten Lichtmenge erheblich grösser wird, als bei intensivem Licht der Fall ist.

Man gelangt daher zu dem Resultate, dass es bei den jetzigen Formen des electrischen Kohlenlichtes eine Grenze in der Vertheilung des Lichtes giebt, welche nicht überschritten werden kann, ohne dass die allzugrossen Unterhaltungskosten als ein wesentlicher Nachtheil zum Vorschein gelangen.

Viel bessere Aussichten hat das schwache electrische Licht, wenn es gelingt, einen Metalldraht herzustellen, welcher auch bei sehr hoher Hitze dauernd zur Verbrennung wenig geneigt ist, und wenn die nöthigen Vorkehrungen gefunden sind, um diese Verbrennung durch eine genaue Regulirung der Stromstärke zu verhüten. Es sei hier bemerkt, dass von William Siemens in London ein interessanter Apparat zum Zweck der Regulirung der Stromstärke in letzter Zeit construirt worden ist.

Gelingt es hier, die Schwierigkeiten zu überwinden, so hat das electrische Licht in dieser Form an solchen Plätzen der Erde, an welchen Triebkraft reichlich und billig vorhanden ist, eine sehr bedeutende Zukunft.

Vorläufig werden wir uns damit begnügen müssen, die electrische Beleuchtung dort anzuwenden, wo ein intensives Licht am Platze ist; es sei denn, dass die Eigenthümlichkeiten des electrischen Lichtes, welche wir ausführlich besprochen haben, demselben auch unter anderen Umständen den Vorzug einräumen.

Die angeführten Beispiele können wohl als Beweis dienen, dass auch unter der jetzigen Form für das electrische Licht ein ausgedehntes Feld der Anwendbarkeit vorhanden ist.

Es ist auch zu wünschen, dass der bedeutende Aufschwung, welchen die electrische Beleuchtung in den letzten Jahren gewonnen hat, dazu dienen wird, diese Art der Beleuchtung in erhöhtem Maasse zu verbreiten; denn die Anwendungen in der Praxis führen zu Fortschritten in der Technik.

MIX
Papier aus verantwortungsvollen Quellen
Paper from responsible sources
FSC® C105338

If you have any concerns about our products,
you can contact us on
ProductSafety@springernature.com

In case Publisher is established outside the EU,
the EU authorized representative is:
**Springer Nature Customer Service Center GmbH
Europaplatz 3, 69115 Heidelberg, Germany**

Printed by Libri Plureos GmbH
in Hamburg, Germany